城市旧工业区的"保护式"更新与改造设计研究

以六盘水市为例

肖 婵 ◎ 著

中国纺织出版社有限公司

内 容 提 要

本书是贵州省普通高等学校青年科技人才成长项目（黔教合KY字〔2019〕132）的研究成果，在充分考察调研六盘水旧工业区历史和六盘水工业遗产现状的基础上，剖析国内外实践案例的成功因素和设计手法，运用有关理论梳理工业空间形态演进阶段和演变类型，探讨六盘水旧工业区的改造和更新设计构想，最终在老旧厂区建筑改造、文化公园开发、老旧工业区周边社区更新等方面提出了概念性的规划设计。

图书在版编目（CIP）数据

城市旧工业区的"保护式"更新与改造设计研究：以六盘水市为例 / 肖婵著 . -- 北京：中国纺织出版社有限公司，2022.11

ISBN 978-7-5229-0079-7

Ⅰ.①城… Ⅱ.①肖… Ⅲ.①老工业基地－旧城改造－研究－六盘水 Ⅳ.① TU984.13

中国版本图书馆CIP数据核字（2022）第217997号

责任编辑：赵晓红　　责任校对：高　涵　　责任印制：储志伟

中国纺织出版社有限公司出版发行
地址：北京市朝阳区百子湾东里 A407 号楼　邮政编码：100124
销售电话：010—67004422　传真：010—87155801
http://www.c-textilep.com
中国纺织出版社天猫旗舰店
官方微博 http://weibo.com/2119887771
天津千鹤文化传播有限公司印刷　各地新华书店经销
2022 年 11 月第 1 版第 1 次印刷
开本：710×1000　1/16　印张：11
字数：190 千字　定价：89.90 元

凡购本书，如有缺页、倒页、脱页，由本社图书营销中心调换

前言

城市旧工业区是产业技术发展和工业化的产物，是城市发展一段时期内强大的推动力。随着城市化不断扩大后的退二进三、土地置换、污染企业搬迁、工业技术不断升级等社会要求的产生，旧工业区的生命周期也随之面临"死亡"。旧工业区一系列问题的出现，让我们开始不得不思考如何利用旧工业区现有资源对其进行合理的更新改造。纵观城市改造发展浪潮中，城市活力既没有得到有效激发，城市文脉又由此中断的例子并不鲜见。对此，我们要肯定旧工业区对城市发展做出的突出贡献；要明确旧工业区在城市发展中的重要地位。在梳理旧工业区历史的同时，深入挖掘旧工业区的历史遗存和文化内涵，剖析旧工业区更新与改造难点，尽力做到更新合理、改造有据，最终实现"保护式"的更新与改造效果。

六盘水市（以下简称六盘水）是三线建设时期国家重点建设的工业城市，是西南地区的典型老工业城市。六盘水的水钢工业区、盘州火烧铺矿区和六枝矿区是其中的典型工业区域，因其独特的历史地位和突出贡献使其具有较高的历史价值、社会价值、科学价值和美学价值，并且成为塑造城市景观和传承城市文化的重要组成部分。目前，中国城市在积极探索转型之路，六盘水正一步步稳扎稳打地实现从"江南煤都"到"中国凉都"的华丽蜕变。旧工业区的更新与改造作为城市转型中必须面临的现实问题，六盘水积极推动老工业基地调整改造，在"十三五"期间获得国务院通报表扬，成为贵州省唯一入围全国第二批八个产业转型升级示范区的城市。

  笔者在此背景的基础上，借鉴国内外先进和成功的实践案例，考察调研六盘水旧工业区发展历史和六盘水工业遗产的现状后，运用有关理论梳理工业空间形态演进阶段和演变类型，探讨六盘水旧工业区的改造和更新设计构想，最终在老旧厂区建筑改造、文化公园开发、老旧工业区周边社区更新等方面提出了概念性的规划设计，以期在六盘水旧工业区保护与城市发展方面提供一定的参考。

肖 婵

2022 年 8 月

目录

绪论 ·· 001

    第一节   研究背景 ·· 003

    第二节   研究结构 ·· 006

    第三节   研究意义 ·· 006

    第四节   研究有关概念界定 ·· 009

    第五节   国内外关于旧工业区的研究与启示 ····························· 015

第一章   六盘水工业发展历史概况 ··· 027

    第一节   三线建设之前（1964年之前） ································· 029

    第二节   三线建设时期（1964—1980年） ······························ 033

    第三节   三线建设之后（1980年之后） ································· 037

第二章   六盘水城市旧工业区演变分析 ······································ 043

    第一节   六盘水旧工业区物质要素演变 ··································· 045

    第二节   六盘水工业空间形态演进 ··· 046

    第三节   六盘水工业区演变类型 ·· 050

    第四节   六盘水工业遗产的统计及概况 ··································· 051

第三章　国外旧工业区更新改造实践 ·················· 063

　　第一节　国外旧工业区更新改造实践案例 ·············· 065

　　第二节　国外旧工业区更新改造实践分析 ·············· 075

第四章　国内旧工业区更新改造实践 ·················· 079

　　第一节　国内旧工业区更新改造实践案例 ·············· 081

　　第二节　国内旧工业区更新改造实践分析 ·············· 100

第五章　六盘水旧工业区更新改造的探索 ················ 103

　　第一节　六枝矿区 ····························· 105

　　第二节　盘州火烧铺矿区 ························ 111

　　第三节　水城钢铁厂片区 ························ 116

参考文献 ··································· 159

后记 ····································· 167

绪论

第一节　研究背景

六盘水位于贵州西部，城市拥有富饶的煤炭资源，是全国六十三个典型的煤炭资源型城市之一。1964年7月，中共中央西南局和国家计划委员会在四川西昌联合召开的西南三线建设规划会议（西昌会议），其核心内容之一就是建设与攀枝花钢铁基地互相配套的六盘水大型煤炭基地，继而正式确立了六盘水在大西南三线建设格局中不可替代的战略地位，六盘水的三线建设由此拉开序幕。这一战略的实施，加快实现了我国对国民经济的布局，对推动中西部地区的经济、社会、文化发展有较大作用，客观改变了我国工业布局的不合理，大大增强了我国对战争打击的承受能力和反侵略战争能力。至此，以四川为中心的中西部十三个省、自治区开展了一次前所未有的人力、物力大转移，建设者们热情高涨，奔赴中国西南（见图1）。仅1964年9月到1965年年底，在六盘水矿区一共集中了来自十三个省市的二十七个煤炭基建工程处和八支地质勘探队伍，总人数超过四万。

图1　焦作矿区选送人员支援六盘水矿区

三线建设是六盘水在"备战、备荒、为人民"战略方针指导下的一次大开发，可以说没有三线建设就没有六盘水。从此，"艰苦创业、勇于创新、团结协作、无私奉献"的三线建设精神成为六盘水人民心中的信仰。起初,"六盘水"这一城市并不存在,是三线建设兴起后,国家通过对隶属于安顺地区的六枝县、兴义地区的盘县(现盘州)以及毕节地区的水城县的煤炭资源勘察后,发现其煤炭蕴藏量丰富、可利用率大,才决定对三个区域的煤炭资源进行整体连片开发。西南三线建设委员会决定连接三个县县名的第一个字,简称"六盘水"。邓小平同志在视察贵州三线建设时提出"要大不要小"的指示,明确支持将六盘水设为地级行政区。1978年,六盘水撤地建市,成为贵州第二个省辖市(贵阳市为第一个)。六盘水就在当时推行的三线建设中,逐渐成长壮大为"江南煤都"的西部新兴能源型重工业城市之一。

经过多年的发展,六盘水同其他老工业城市一样,产业结构一直存在着重工业偏重、轻型产业偏轻的问题。直至2018年,煤电钢材四大产业占全市规模以上工业增加值的比重仍然达到82.4%,占全市GDP的比重达30.8%。其中煤炭工业占规模以上工业增加值比重的59.5%,占全市GDP比重的22.2%。在这种情况下,资源型产业比重大、产业结构单一、发展方式粗放、资源消耗严重、环境压力大等问题日渐突出。因此,六盘水市委、市政府于2004年决定打造"凉都"品牌,为城市的可持续发展奠定新的基础。2005年8月,经中国气象学会专家的多轮质询、审定后,一致认为六盘水具有夏季凉爽、舒适、滋润、清新、紫外线辐射适中等独具特色的气候特点和得天独厚的气候资源优势,并正式授予其"中国凉都"称号,它也是我国唯一一个以气候来命名的城市。2013年,第八届贵州旅游产业发展大会在六盘水的成功举办,让市委、市政府看到了提升城市品质、展示城市形象、推动城市转型的重大机遇,也明确了把旅游业作为未来支柱产业来培育和发展的目标。要知道"江南煤都"和"中国凉都"同样承载着促进城市发展的责任,"煤都"到"凉都"的转变,并不是完全抛弃原本拥有的众多工业产业、工业遗存、工业精神的城市资源,而是利用"凉都"品牌,探索资源开发与环境保护的平衡点,精准定位城市多元发展、经济高质量发展的突破口,找到一条资源型城市旅游助推城市转型的发展路子。

六盘水中众多在三线建设时期成长起来的企业，对当时国防战略需求，推动地方经济建设做出了巨大贡献。但伴随传统工业的衰退、国家"退二进三"战略的提出、城市产业结构的顺势调整，一些城区内的工业用地正面临着逐步淘汰的窘境。此外，城市空间不断向外扩张，原本处在郊外的旧工业区被圈在了城市中心，占据了较好的地段，城市开发和工业发展之间的矛盾日益突出。根据"一五""二五"三线建设时期的国家工业布局情况以及1985年全国地级以上城市的工业固定资产原值、工业总产值、重化工业比重、国有工业企业职工人数、就业比重与非农业人口6项制表测算，我国共有老工业城市120个，分布在全国二十七个省（自治区、直辖市）。根据规划范围布局图显示，东北部较为密集，西南部共十四个城市。贵州就包括六盘水、安顺、贵阳小河区、遵义四地。面对我国老工业城市的现实情况和旧工业区的种种问题，发改委在2013年启动《全国老工业基地调整改造规划（2013—2022年）》，大力推进全国老工业基地调整改造工作，提出了六大改造目标，并提到"城市老工业区改造要注重保护具有地域特色的工业遗产、历史建筑和传统街区风貌……在加强保护的同时，合理开发利用工业遗产资源"的要求。

对此，六盘水结合市场需求，通过坚持以转型升级为主线，以示范区建设为引领，推动老工业城市转变为"新面貌"。然而，城市的转变不仅局限在经济水平的提速，还包括城市功能的提升、城市环境的提质、城市文化的提炼及城市形象的重塑。"经济转型是一个发掘文化资源、重塑城市形象的过程"，六盘水是工业造就的城市，虽然有丰富的史前文化、长征文化、民族民间文化，但是推动六盘水从三个农业县成为影响西南地区工业经济的重要城市，一定是受到"三线"文化的影响。因此，六盘水有着其他城市无法比拟的历史文化沉淀，这对资源型城市的转型起到了独特的助推作用。可见，挖掘和整合六盘水工业历史遗产资源，彰显资源型城市的文化旅游特色，是提高文化品位、打造城市精神、改善城市形象的重要途径。如何发挥旧工业用地潜力，实现城市旧工业区的空间布局优化？如何保护和传承工业文化遗产？如何利用工业文化资源，实现城市旧工业区的可持续发展？通过本书的探索，将研究成果作为贵州省城市旧工业区更新与改造的参考资料，以期为集约利用工业土地、保留工业城市记忆、传承工业城市文化、改善老工业城市环境提供新思路和新理念。

第二节 研究结构

本书的研究范围是六盘水市域内与三线建设有着密切关系的三个旧工业区，分别是六枝矿区、盘州火烧铺矿区和水钢铁工业区。通过对国内外有关研究成果进行检索、分析和汇总，形成本书研究的理论基础；结合现有的成功实践案例，梳理旧工业区更新与改造的主要模式；实现对六盘水境内的三个典型旧工业区的走访调查后，总结旧工业区空间的物质要素演变过程和空间演变形态；并探索出六盘水旧工业区更新与改造设计的构想。本书按照"奠定理论基础—剖析案例内涵—实地走访调查—改造探索设计"的结构开展，研究立足于实现中华民族伟大复兴的伟大愿景，以期对老工业城市的复兴和重振带来一定的参考价值。

第三节 研究意义

一、从社会发展角度看

在 2007 年国家发布的《宏观经济政策取向》当中提到"积极支持东北地区等老工业基地资源型城市经济转型试点"这一信息，并在同年的 12 月，出台《国务院关于促进资源型城市可持续发展的若干意见》。意见中明确地指出要建立健全资源型城市可持续发展的长效机制，做到以市场为导向，大力培育发展接续替代产业，因地制宜，尽快形成新的主导产业。2007年的《东北地区振兴规划》在规范提升面向生活的服务业专栏中提到"保护最具代表性，反映东北老工业基地发展历程的工业文化遗产，重点开发沈阳、鞍山、长春、大庆和齐齐哈尔等城市的工业旅游项目，积极引导资源型城市发展工业旅游"的要求。随后，宁夏石嘴山、湖北武汉、四川攀枝花、陕西铜川等地，都开始了积极探索老工业城市的转型之路。

"天府之国"四川是三线建设的核心，"攀枝花—成昆铁路—六盘水"所形成的"两基一线"是三线建设时期的重大成就。六盘水的机器和煤炭运往攀枝花，为巩固其庞大后方工业体系的中心地位以及当时国家的经济战略和国防部署做出了贡献。

笔者对六盘水市旧工业区更新与改造的研究，符合社会的基本发展规律和可持续性发展要求，是国家和地区现代进程中必须面对的历史问题之一。同时，也是对面临相同问题的城市旧工业区具有参考和借鉴意义。

二、从城市发展角度看

旧工业区的出现是城市功能一直发展变化的必然结果。旧工业区一方面是城市快速发展的贡献者；另一方面又是城市新社会问题的始作俑者。城市的不断扩张，旧工业区的土地升值；技术设备落后，旧工业区产能降低；国民经济增值点的转变，城市、产业转型需求加快；工业生产导致的环境恶化，生态保护情绪日益高涨。2008年，深圳为优化工业布局，推进现代工业发展，率先印发《关于加快推进我市旧工业区升级改造的工作方案》。国务院在2013年批准了《全国老工业基地调整改造规划（2013—2022年）》，明确指出要全面开展全国老工业基地和旧工业区的调整改造，大力支持全国资源型城市及独立工矿区可持续发展，努力开创振兴工作新局面。此后，全国开启了轰轰烈烈的旧工业区更新改造项目。

从全国范围来看，东北、珠三角、华中、华北等地区，都涌现出大批旧工业区更新改造的成功项目，如沈阳铁西工业区、株洲清水塘工业区、西安纺织城、深圳八卦岭工业区、北京798电子厂等。贵州作为三线建设历史长卷上的重要篇章，关于旧工业区的理论和实践方面却稍显薄弱。笔者对六盘水市旧工业区的实践研究探索，既为城市更新提供思路，又符合目前六盘水城市转型的发展趋势。

三、从文化传承角度看

除厂房、生产设备、配套构筑物等物质设施外，旧工业区还蕴含强烈的文化气息和人文情怀。三线建设时期下的建设者，具有坚韧、无畏、顽强的意识形态；三线建设时期下的工业区，具有独特的艺术性、地域性、时代性特征。这些都记录着城市的信息，反映了工业时代特有的社会生产生活方式，都是城市的浓情回忆。旧工业区见证城市兴衰，承载情感，对它的保护是对三线建设者的崇高敬意，也是树立特有城市形象的有效途径。

六盘水这座"火车拉来的城市"，是三线建设时期的缩影，是建设者为之奋斗、创新、坚持的重要成果。2017年1月，中共中央办公厅、国务院办公厅印发的《关于实施中华优秀传统文化传承发展工程的意见》，强调文化自信的无穷力量，提出了建设社会主义文化强国的目标。对于富有三线建设时期丰富工业文化的六盘水来说，城市旧工业区是人类智慧的结晶，是城市特色的经典符号。对旧工业区的更新改造，无疑是避免千城一面的有力手段，也是延续工业历史文脉，增强人们归属感和认同感的重要渠道。

第四节 研究有关概念界定

一、老工业城市

在近代,各类城市的发展因其地区特点而呈现不同的城市发展路径。工业城市的产生与工业革命息息相关。18世纪中叶,工业革命开始后,一种以制造业为中心的新型城市迅速崛起,城市规模及人口直到19世纪中叶工业革命结束时仍有不断扩张的趋势。《老工业城市产业转型的就业空间响应》一书中明确提到了西方国家对于老工业城市的定义及特点,主要是指在工业革命的影响下,依靠所在地区较好的资源优势或优越的区位条件发展起来的工业城市。西方国家的老工业城市表现出产生于工业革命时期,在全球化和一体化的世界经济发展中出现"衰老"态势的特点,这里所说的"衰老"主要表现在产业技术上的"落伍"。反观我国的工业城市产生与中华人民共和国成立前的"二五"及三线建设时期的国家建设有着密切联系。可见,我国的老工业城市为当时的国家建设发展提供了强劲动能。王成金(2013)等人认为老工业城市是老工业基地的基本单元,是指"一五""二五"和三线建设时期所形成的,拥有一定工业资产存量和经济总量;对中国工业化进程有重大影响;对国家经济发展做出突出贡献的工业城市。董丽晶(2014)对我国的老工业城市的概念进行了界定,是指在改革开放前,受计划经济体制影响,国家重点投资建设而形成的国有企业比较集中、工业规模大且比重高,曾经对我国工业化进程和经济发展做出重要贡献的城市地域。关皓明(2018)通过梳理相关概念的界定,并提出了老工业城市是中国在改革开放之前各历史阶段内,尤其是受计划经济体制影响,国家重点投资建设而形成的工业规模大、重工业比重高、国有企业集中;对区域或国家经济发展做出突出贡献;对区域或国家工业化进程有重大影响的大中型工业城市地域。可见，老工业城市形成时间较早，工业企业集中，工业比重较高，对区域或者全国经济发展、工业化进程都具有杰出促进作用等共同点。

为满足国家对煤炭的战略需求，创造中国社会主义现代化煤炭工业企业，党中央、国务院决定对六枝、盘州和水城的煤炭资源进行整体连片开发，组建六盘水煤炭基地，包括六枝、盘州、水城三个矿区。1965年1月，国家煤炭部决定调华东煤矿设计研究院淮南分院和原上海煤矿机械设计研究院做选煤设计的全部人员，到西南煤矿建设指挥部分配工作，帮助六盘水完成煤炭工业基地的建设。同年12月，邓小平在三线综合调查和选择厂矿的工作会议上强调，六盘水要抓紧建设钢铁厂，保证加工工业，特别是国防工业的需求，成为"打不垮、拖不烂的硬三线"。1966年，国家拨款800万元投入水钢建设，先后有10 000多人的建设队伍在六盘水落脚扎根。水城钢铁厂在探索中逐年提高产量，于1984年结束了水钢"有铁无钢"和贵州省"无普钢"的历史。此外，六盘水矿区在不断的建设发展中，其生产的原煤、洗精煤不仅满足本省需求，还源源不断地发往四川、云南及两广地区，煤炭基地的作用逐渐发挥出来。1975年，六盘水矿区被列为全国十个年产1 000万吨的煤炭矿区之一。面对这一历史现实，六盘水坚持"立足煤、做足煤、不唯煤"，大力实施产业提升行动，扎实推进产业基础高级化、产业链现代化，做强产业品牌，构筑高质量发展工业产业体系，让老工业城市焕发新容貌。

二、旧工业区

旧工业区有广义和狭义两个概念。广义的旧工业区是指已经在城市中形成的工业区，包括在城市或者邻近城市的用地上，布置相关工业企业以及其他附属项目，连同卫生防护带，和其他劳动就业场所等在内的，均称为工业区。广义上的旧工业区是指相对目前城市新建的工业园区、高新技术产业园区等而言的，以建设时间的先后规定的新旧。赵博涵（2012）指出我国旧工业区的时间范畴一般是在中华人民共和国成立以前及中华人民共和国成立初期，尤其以苏联援建的156项重点建设项目为基础,由国家大量投资建设,并且曾为城市经济发展做出重大贡献的工业区。狭义上的旧工业区是指包括目前城市已形成的工业区中面临技术设备革新不及时、自然资源逐渐枯竭、产业结构调整迫切等问题急需物质性的优化改造、产业设备调整更新的工业区。结合旧工业区广义和狭义概念来看,六枝矿区、盘州火烧铺矿区和水钢工业区目前仍属于六盘水旧工业区的范畴。

三、工业遗产

工业遗产是工业革命的产物。1955年,英国伯明翰大学的迈克尔·里克斯发表的《产业考古学》一文中将研究英国产业革命的学问定义为"产业考古学",并呼吁各界保存英国工业革命时期的机械与纪念物。在《下塔吉尔宪章》中工业遗产是这样定义的:"工业遗产由工业文化遗存组成,这些遗存拥有历史的、技术的、社会的、建筑的或者是科学上的价值。这些遗存由建筑物、构筑物和机器设备、车间、工厂、矿山、仓库和储藏室、能源生产、传送、使用和运输以及所有的地下构筑物及所有的场所组成,与工业联系的社会活动场所(如住宅、宗教朝拜地和教育机构)也包含在工业遗产范畴之内"。国内对工业遗产的界定内容更加广泛,在2006年4月发表的《无锡建议——注重经济高速发展时期的工业遗产保护》中提到:"工业遗产即具有历史学、社会学、建筑学和科技、审美价值的工业文化遗存,包括工厂车间、磨坊、仓库、店铺等工业建筑物,矿山、相关加工冶炼场地、能源生产和传输及使用场所、交通设施、工业生产相关的社会活动场所,相关工业设备,以及工艺流程、数据记录、企业档案等物质和非物质文化遗产"。因此,狭义上的工业遗产多指以物质形式存在的建筑、车间、仓库和设备等;广义上的概念则包括了非物质层面的思想情感和记忆感知。

早在2005年时,贵州就已开始注重本省少数民族独有的手工技艺、口头文学、民歌、古歌等非物质物文化遗产保护工作。贵州省政府在2007年提出要把茅台工业旅游与赤水河红色旅游相结合,积极推进茅台集团"全国工业旅游示范点"的建设工作。2012年,万山区结合资源枯竭型城市转型的实际情况,完成汞矿工业遗产保护规划、万山汞矿遗址利用规划和万山汞矿近现代工业遗产产业发展规划的编制工作,这是贵州首次对工业遗产保护与再利用进行实践探索。2015年,在《贵州省社会科学院关于三线建设遗产资源保护利用的请示》中,指出要更好地"挖掘好、保护好、利用好"三线建设资源,加深社会各界对于三线建设遗产的认知与理解,占领三线建设品牌的利用高地。随后,一些具有三线建设历史的地区积极开展"旅游+工业""工业+文创""大数据+工业"的发展转型路子。随着2018年1月27日《中国工业遗产保护名录(第一批)》的公布,国家对工业遗产的重视程度日渐加大。次年9月,三线建设项目入选《中国工业遗产保护名录(第二批)》,万山汞矿和水城钢铁厂是贵州第一批收录名录的工业遗产。

目前为止,贵州省入选《中国工业遗产保护名录》的有7项,其中六盘水和万山汞矿各占2项,占比57.14%。目前,万山汞矿已转型成为万山国家矿山公园,成为贵州省唯一的国家级矿山公园。2015年,通过招商引资对废弃的汞矿遗址进行整体连片开发,打造完成现如今的万山朱砂古镇。由此可见,工业遗产是时代的记忆,充分映射出地方工业发展历程,凝聚建设者的智慧和汗水,是尚待开发的璞玉。因此,充分肯定六盘水三线建设历史,深入挖掘六盘水的工业遗产资源,合理利用工业遗存和工业文化,将是六盘水城市转型发展的制胜法宝,如表1所示。

表1 贵州省工业遗产统计表

序号	地址	名称	始建年代	工业遗产核心物项	中国工业遗产保护名录批次
1	铜仁市万山区	贵州汞矿	1899年	长970千米的地下坑道、3.75平方千米的采空区,以及开凿在陡壁上的古矿洞群	第二批

续表

序号	地址	名称	始建年代	工业遗产核心物项	中国工业遗产保护名录批次
2	六盘水市水城特区	水城钢铁厂	1966年	1号高炉（始建于1917年，从鞍钢迁建而来），档案，图纸，厂志	第二批
3	桐梓县娄山关镇独石村	天门河水电站	1939年	滚水坝、水库（小西湖）、引水明渠、暗渠，发电机房、配电室，两台GE发电机组、勒菲尔公司反激式水轮机、控制仪表柜；纪念塔、纪事碑，工人宿舍、食堂、工房等，陈立夫手书	第二批
4	六盘水市六枝特区	六枝矿区	1958年	核心物项包括地宗选煤厂原(精)煤运输走廊、装(卸)煤仓、洗选车间、地宗煤矿主井硐、职工澡堂、六枝煤矿主副井硐、四角田煤矿主井硐、生产连（区）队办公区、矿锻工房、筒子楼、职工干打垒成片住房、职工大食堂、苏式办公楼与礼堂、地宗铁路专用线及補林大桥、物资总仓库木架构站台、火工品库、六枝电厂老厂房1栋以及六枝电厂除尘设施	第三批

续表

序号	地址	名称	始建年代	工业遗产核心物项	中国工业遗产保护名录批次
5	铜仁市万山区	贵州万山汞矿	1899年	黑硐子，仙人洞，云南梯主硐口，300吨机选厂，冶炼厂、冶炼炉车间，贵州汞矿科学文化中心，大礼堂，苏联专家楼，万山特区商店，医院门诊大楼，劳动服务中心，技工学校，职工食堂，百货商店，电影院，粮店	第三批
6	遵义市汇川区	长征电器十二厂	1971年	总装车间，冷作车间，落料车间，油漆车间，供应仓库，成品仓库，厂大门，35吨开式双柱可倾压力机，CW6140A普通车床，J23-100开式可倾压力机，M-8950B成型磨床，Z3040摇臂钻床，立式升降铣床，继电器，变压器等产品17件	第四批
7	安顺市镇宁县	贵飞强度试验中心旧址	1966年	飞机强度试验厂房，强度试验中心，主厂房，手动加载操纵台，注油车，手拉葫芦，作动筒，机械振动台，电动双梁起重机	第四批

第五节　国内外关于旧工业区的研究与启示

陆军等人（2011）认为城市旧工业区是一种城市组织形态，同事物发展的一般规律相似，都将经历萌芽—发展—成熟—衰落的过程。早在1973年，丹尼尔·贝尔将社会按照前工业社会、工业社会和后工业社会三种形态进行划分，认为社会将从产品生产经济转变为服务型经济。姜四清等人（2015）将德国鲁尔老工业区的发展总结为三个阶段，工业内部转型阶段—去工业化转型阶段—再工业化转型阶段。按照发展阶段和过程的规律，工业区在萌芽和发展阶段因为区位或资源的自身优势，大量资本、技术和人才的涌入，地区工业不断壮大。例如，石家庄成为河北最大的工业城市，这与石太铁路的通车有着密切关系。当工业区发展处于稳定阶段时，由此向其他地区输出资本和劳动力；在工业区衰落后，大多都面临着改革滞后、机制不活、投资短缺以及技改缓慢等现实情况。例如，德国鲁尔区在大量海外低成本煤炭输入之后，"煤炭危机"导致27家矿井关闭，5 300多人失业。而后的"钢铁危机"让杜伊斯堡市在煤炭和钢铁工业上失去3.2万工人，失业率达到20%左右。英国作为最早开始工业革命的国家，率先经历了这一发展过程。在面对内城衰落之时，通过地方政府规划和土地法案，指出使萧条旧城再生的关键在于旧城更新和城市发展，重点是重新开发衰退的旧工业区和仓库码头区。由此，我们发现工业区不可避免地会面对衰落的现实，可见认清形势、把握市场大环境、及时转型是这类旧工业区的复兴之路。

一、国内研究情况

（一）工业遗产价值

国内学者普遍认为工业遗产反映城市的工业发展历程，也是旧工业区最宝贵的财富，具有较高的研究价值和利用价值。通过梳理工业遗产资源的类型，发现工业遗产种类较多，包括但不局限于工业旧址、交通运输路线（京杭大运河、青藏铁路等）、采矿设施、水利设施、能源设施以及其他工程设施、建筑物、构筑物、设备、档案等。根据工业遗产资源的稳定性与多变性、民族性与国际性、稀有性与普遍性等特征，学者刘伯英，李匡（2006）指出工业遗产的价值包括历史价值、文化价值、社会价值、科学价值、艺术价值、产业价值和经济价值，并一一对此作出解释。骆高远（2008）则提到当前名胜古迹观光游览已不足以满足人们的好奇心和求知欲，工业旅游的兴起正好满足这一旅游需求的变化。工业遗产具有不可替代的旅游资源特殊性，因此拥有较高的旅游价值，是旧工业区转型、再生之路的助推剂。张健等人（2011）在前人研究的基础上，构建了较为完善，符合本土历史情况的工业遗产价值构成体系。其中的经济利用价值主要是考虑工业遗产为地区经济增长带来的正向影响、生态环境价值，工业遗产的自然环境、地域环境特征，标志性、可识别性及工业遗产的城市肌理特征等。孙俊桥和孙超（2013）则着重强调了工业遗产的文脉价值内涵，认为工业遗产可以与周边居民产生场所共鸣，增强归属感和认知感，从而构成城市独特文化的真谛。于森，王浩（2016）提到由于国际上对工业遗产价值的界定具有历史年代、研究深度、遗产范围界定和国情不同等原因的局限性，对待国内现实情况的工业遗产价值体系有必要对其进行本土化的丰富和完善，两位学者提出本征价值和引申价值。本征价值包括历史价值、科技价值、文化价值、艺术价值；引申价值有区位价值、环境价值、集群价值、社会价值、情感价值。于磊等学者（2017）在《工业遗产价值评价方法研究》一文中认为工业遗产价值评价工作具有复杂性和综合性，需要根据不同的评价阶段和目标区别对待。在梳理遗产保护、经济学与管理学领域的相关知识后，将工业遗产价值评价分为本体价值评价和再利用性评价。本体价值评价侧重历史、艺术、科学和社会文化价值；再利用性评价侧重经济价值（如环境、区位、交通、成本与收益的市场经济分析等）。

通过梳理国内学者对工业遗产价值的研究情况来看，历史价值、文化价值、社会价值、艺术价值、科学技术价值、情感价值等是在成为工业遗产后本身所包含的,而经济价值除去工业生产带来的经济效益外,还是在城市不断扩张、发展以及经济战略调整后显现出来的(见表2)。学者普遍认为的经济价值更多的是表现在工业遗产因区位、交通、环境改善、功能置换后的更新可能会出现的经济增长效益。因此,在城市旧工业区的工业遗产进行更新改造前,需要抓住城市工业遗产的价值特征,进行充分调研和完整评价后,才能思考工业遗产保护和再利用的方法。

表2 国内关于工业遗产价值的部分研究情况

年份	学者	观点
2006年	刘伯英,李匡	历史价值、文化价值、社会价值、科学价值、艺术价值、产业价值和经济价值
2008年	骆高远	提出旅游价值
2011年	张健,隋倩婧,吕元	历史价值、社会文化价值、艺术审美价值、科学技术价值、经济利用价值、生态化境价值
2013年	孙俊桥,孙超	历史价值、技术价值、社会价值、艺术价值、经济价值、文脉价值
2016年	于森,王浩	本征价值包括历史价值、科技价值、文化价值、艺术价值;引申价值包括区位价值、环境价值、集群价值、社会价值、情感价值
2017年	于磊,青木信夫,徐苏斌	本体价值评价侧重历史、艺术、科学和社会文化价值;再利用性评价侧重经济价值(如环境、区位、交通、成本与收益的市场经济分析等)

(二)旧工业区更新与城市的发展关系

城市经济发展的主要动力由第二产业主导逐步转向第二、第三产业并重,并最终完成以第三产业为主导的经济结构引擎是城市建设的大势所趋。通过阅读情况来看,国内学者普遍认为旧工业区更新是促进城市发展的一剂良药，是工业城市转型的必然选择，还是目前存量优化的有效手段。旧工业区更新可以释放更多高端产业空间，促使旧工业区的环境污染问题得到有效解决。董良等人（2009）提到科学技术的进步，生态意识的觉醒，历史保护的重视程度提高等因素让旧工业区更新改造成为亟待解决的社会问题。唐燕（2015）认为旧工业区盘活工业用地，调整升级园区已有企业的生产模式或发展方向是满足我国城乡规划建设提出的转型要求。严若谷（2016）着重对旧工业的空间进行了深入剖析，指出目前城市建设由增量扩张向存量优化转向的具体空间实践，对旧工业空间更新改造是城市存量优化的途径之一，也是城市转型的直接空间载体。笔者认为对它的更新是城市产业经济升级、社会组织优化、政府城市管理水平提升的重要实践过程。张黎明等人（2014）强调城市的复杂性，指出"可持续发展"是当前国内外城市的发展共识。通过沈阳对老工业基地进行搬迁改造后城市功能转变的生态化评价，得出沈阳这一系列举措为社会的可持续发展提供了物质基础，城市功能向可持续发展方向演化，具有正向的影响意义。黄楚梨和吴丹子（2019）从风景园林的改造手段对德国埃森市和美国底特律的旧工业区改造案例进行剖析，认为在风景园林驱动下帮助老旧工业区构建完整的绿色网络结构有利于人居环境的提升，符合生态文明建设的可持续发展的需求。

（三）旧工业区的更新策略研究情况

国内学者在旧工业区的更新策略研究上，多注重城市历史的文脉，期望在更新中既能呈现工业时期的痕迹，又能贴切现代城市的需求（见表3）。由于每个旧工业区的历史特征、物质结构、地理位置等方面的不同，成功的更新经验并不适用于所有的旧工业区。因此，更新策略需要紧扣场地现实情况，才能发挥最优功效。阳建强和罗超（2011）肯定了旧工业区为国家经济发展做出的巨大贡献，同时剖析了我国的经济发展形势，指出当前经济发达地区的大部分城市将进入后工业化阶段，城市社会经济将进入产业布局、类型、结构的重构和转型的实质性实施阶段。杭州重型机械厂的改造是阳建强等学者对一般性工业地段整体更新策略的探索对象，通过对城市整体层面的需求剖析后，确定了土地混合使用、置换建筑使用功能、工业文化符号化等规划设计策略。邓艳（2008）对新加坡河滨水工业区深入研究后，得出城市旧工业区更新应具备整体保护思路，要有整体规划和分区实施的策略，注重工业遗产的保护和展示，寻求政府与私人合作的开发模式。笔者在《武汉沿江旧有工业区更新规划初探》中提出在更新规划布局要以滨江安全为前提，对再发展项目进行招标，提升江岸地产价值；重视城市肌理特点，延续工业历史，注重沿江景观的打造。张燕（2015）认为首钢老工业区要以生态为基础，以传承工业文化为前提，构建可持续的发展策略。加快工业到服务业的产业结构转型，同时引入"高、精、尖"产业，丰富产业结构，在政府、企业协作机制共同介入的情况下，鼓励公众参与，确保首钢老工业区的更新改造顺利完成。徐颖等研究者（2011）认为旧工业区更新要弄清城市功能结构和产业结构，因为旧工业区的更新改造思路往往是以城市功能结构形态和产业战略为基础的；他们还确定旧工业区更新目标会因为政策环境、城市发展阶段而不同。《深圳市南山区旧工业区更新改造规划研究方法与实践》中提到要对业主、政府、市场的关系做到准确定位。混合产业的引导模式，要始终以低碳绿色为前提，出台有关政策确保旧工业区改造的分部、分区的有序推进。在《"双创"政策引领下的厦门旧工业区微更新探索》中，要应对旧工业区的常见问题，笔者提出"织补"理念，缝合旧工业区与城市空间和功能上的裂缝，做好和城市轨道、快速路、主干路的衔接；通过保留、拆除、改造、新建等方式，激活老旧厂房功能；编制片区风貌建设导则，塑造地域特色；引入众创空间，满足配套设施建设。温州核心区的工业区更新在产业上大胆尝试，保持部分传统工业，同时升级激光与光电、新能源、生物医药等新兴产业和现代服务业，既有"退二进三"，又有"提二优二"等多样化的转型情况。郑州高新区东南片区的有机更新又与温州核心区的工业区的情况有所不同，由于处在构筑高新产业发展新格局的城市局面，采取了不同于以往的"退二优二"改造模式,即在原出让或划拨的存量工业用地范围内新建、改建和扩建工业项目,以提高土地利用效率。虽然"退二进三"的改造模式见效快,但并不是所有的旧工业区都适合,这与场地实际情况是有关系的。

表3 国内旧工业区更新策略部分研究情况

年份	学者	地区	更新策略具体表现
2001年	河山,李保峰	武汉沿江区域	保证河流生态安全,用招标的方式,提升江岸地产价值;重视城市肌理和历史,沿江景观不容忽视
2008年	邓艳	新加坡滨水工业区域	要具备整体保护思路,实行分区、规划实施策略;注重工业遗产的保护和展示;寻求政府与私人合作的开发模式
2011年	阳建强,罗超	杭州重型机械厂	从城市整体层面需求出发,土地混合使用、置换建筑使用功能、工业文化符号化等策略
2011年	徐颖,崔昆仑,朱光慧	—	弄清城市功能和产业结构、政策环境、城市发展阶段
2013年	葛永军,邱晓燕,王飞虎,范钟铭	深圳南山区	低碳绿色是前提,制定有关政策,找准业主、市场、政府定位,产业以混合模式为主
2014年	李如贵,池晓星,林观众	温州核心区	"退二进三""提二优二"的产业模式
2015年	张燕	北京首钢地区	生态是基础,丰富产业结构,鼓励多方参与
2018年	赵倩	郑州高新区	"退二优二"的产业模式
2018年	李劲杰	厦门	"织补"理念的微更新

二、国外研究情况

(一)工业遗产价值

国外学者注重工业遗产的可持续性发展,同时认为在尊重工业遗产历史特征的前提下,通过对文化、技术、场地等要素的剖析后,得出的工业遗产再利用方式才会更贴切城市和居民需求,才能获得经济效益的最大化(见表4)。

表4 国外关于工业遗产价值的部分研究情况

年份	学者	观点
1993年	劳伦斯·F.格罗斯	注重工业遗产的科学技术价值和历史内涵
2007年	米里亚姆·琼森·韦贝克	工业遗产具有文化价值和景观价值,注重工业遗产的可持续性发展
2010年	卡尔文·琼斯,马克斯·蒙迪	肯定工业遗产的教育价值以及工业遗产再利用时居民的参与度
2014年	亚斯娜·西兹勒,朱迪斯·皮泽拉,沃尔夫冈·费舍尔	重视工业遗产文化价值的保护与挖掘,可以确保工业遗产经济价值的最大化呈现
2015年	伊曼纽尔·罗密欧,伊曼纽尔·莫雷奇,里卡多·鲁迪罗	通过尊重工业遗产的历史性特征,挖掘文化价值,从而激活记忆价值

劳伦斯·F.格罗斯(1993)提出保护工业遗产不仅仅是出于它们的稀缺性,还是对参与到工业过程的设计师、建筑师、机械师和装配线工人的智力和精力的尊重。此外,劳伦斯·F.格罗斯注重工业遗产的科学技术价值,他还认为保留工业生产线,并保证其继续运行可以让人们看到更多工业故事,牢记工业遗产的责任。*Industrial Heritage as a Potentia for Redevelopment of Postindustrial Areas in Austria*一文中提到工业场所当前是有价值的场所,具有社会和经济潜力,但在对工业遗产

进行有益的再利用时，往往会忽视它的另类美学特征与市民的情感联系。文章的作者认为废弃的工业建筑是工人们的生活记忆，还是当地社区进步和自豪感的象征，对工业遗产的利用要注重社会文化价值，让人们共同参与建设，加强和保持对城市的认同感，既有助于经济的重启，又能促使人们更快地接受新事物。米里亚姆·琼森·韦贝克（2007）认为工业遗产旅游是促进地区可持续发展的纽带，具有文化价值和景观价值，"动态"的发展比"静态"的保护要重要得多。以比利时林堡地区矿场改造为例，通过对目前旅游市场的评估和林堡地区工业遗产旅游资源的评价，得出了信息教育中心、旅游游客中心、博物馆景点、体育设施、工业遗产建筑作为旅游住宿、零售商店等旅游表现形式，充分肯定了工业遗产的旅游价值。卡尔文·琼斯和马克斯·蒙迪（2010）肯定了工业遗产的教育价值，同时指出如果期望获得长久的工业遗产旅游效益，需要在经济、社会和文化目标之间取得平衡，允许居民的参与，这也许能够增加旅游产品的价值和质量。亚斯娜·西兹勒等人认为曾经被人们忽视的工业场所，如今是有价值的场所，如生活、文化活动、休闲或绿化区域等；并通过调查奥地利对旧工业区实施的现行政策和做法，发现工业遗产及其社会、经济潜力。伊曼纽尔·罗密欧等三位学者（2015）认为工业遗产拥有巨大的功能和丰富的文化资源，面对城市空间日益增长的文化需求和社会需求等特征，要充分挖掘工业遗产的文化可持续性，尊重工业遗产的建筑元素、空间、材料和结构等历史性特征，来实现记忆价值的保护。

（二）旧工业区更新与城市的发展关系

通过阅读有关文献，可以得知国外学者对旧工业区的定位认识清晰，他们都认为旧工业区更新是城市可持续发展不可缺少的环节。同时，高度认可旧工业区的历史文化价值，重视旧工业区景观的恢复和打造。丽迪娅·格雷科（2014）认为原有的工业基础难以适应新的或不同的经济需要，特别是高度专业化的单一结构的地方经济在当前的经济模式下呈衰退的趋势。卢卡洛伯（2014）指出东南欧旧工业中心没有及时在全球后工业生产的经济趋势的变化中作出应对措施，导致传统工业部门迅速崩溃。这类旧工业区对人类健康具有潜在危险，就业岗位的丧失导致该区位社会地位不断下降，犯罪率上升，对整个地区产生了负面影响。只有采取全面的方法来振兴旧工业区，以提供新的就业机会，确保可持续发展，并在提供优质生活、社会保障和可持续性之间创造协同效应。路易斯·卢尔斯（2007）认为对旧工业区的景观复垦不仅在经济上，而且在环境上对城市发展有着重要作用。它能够改善现有环境的质量，吸引商业和投资，增强市民的自豪感。工业景观应该作为城市建设的一种资源，再生城市的多个区域，创造多功能景观，促进可持续增长。安德烈亚斯·凯尔（2005）采用实地研究的方法，通过邀请游客在德国鲁尔地区的三个区域拍照和接受采访后，发现城市旧工业区景观对游客有着特别的吸引力，而且工业残余景观从代表经济衰退的负面形象已转为强化区域文化意识的正面形象，成为特殊的城市美学符号和情感维系纽带，是城市发展的潜力。卡塔里娜·克里斯蒂亚诺娃（2016）提到旧工业区虽然带来了环境负担，但是具有重要的历史和文化价值，同样具有较强的发展潜力。因为旧工业区转换为绿色空间后可以提高生活质量，为城市结构带来社会效益和环境效益。例如，在城市环境中提供玩耍和休闲的空间，增强风景和对周围环境的吸引力，改善健康的城市环境，提高物业价值，提供生态系统服务，为野生动物提供栖息地和适应气候变化等。安娜·施密特（2018）在调查西班牙的奥科内拉采矿铁路时提到，这是毕尔巴鄂城市结构的特殊印记，是居民集体身份的一部分，其还认为建筑物、矿山、采石场，甚至森林都是文化遗产，是毕尔巴鄂历史和建筑项目的见证，城市和区域规划计划应将其纳入提案中。

（三）旧工业区的更新策略研究情况

国外研究和实践多以整体规划的眼光看待旧工业区更新，在策略上试图通过对旧工业区功能的转换、产业更新、环境的改善、景观的改造等方式，让人们重新认识、认同这片曾被遗弃的土地（见表5）。弗朗茨等（2004）指出由于旧工业区的过度专业化和强大的主导企业角色，过于依赖旧的经济和政治网络，需求停滞，竞争激烈和固守旧的技术路径等问题。在对奥地利的施蒂里亚旧工业区的汽车和金属集群进行了比较后发现，发展完善的区域创新体系，新的创新网络的建立和新的、更间接的政策途径是旧工业区集群更新的关键因素。法国城市复兴过程中的旧工业区更新，通过制定吸引私人投资以改善产业结构，以社会整体复兴为目标的公共政策，推动了地区投资环境的改善，为里昂维斯地区产业结构的转型带来了可能。在匹兹堡的旧工业区规划中，通过改变土地用途、重组和提高劳动力素质、工业生态化、改善生活质量和居住区、复兴旅游业，创造就业机会，特别是雇用更多的妇女和少数民族等方式改善旧工业区的现状。通过对欧洲布拉加体育场的建设分析，笔者认为它利用废弃的土地，以创造优质的城市空间，最大限度地减少前工业活动对环境和美学的影响。可见建筑学、风景园林和城市规划在后工业建设中日益重要的地位。丹尼斯·埃德勒等人（2019）通过重构代表鲁尔地区的结构和后工业城市转型的小型场地，使用虚拟现实（VR）技术，试图向人们解释工业历史，增加对工业遗产的欣赏和认同。他们认为旧工业区很多历史建筑被保留，但是受到建筑条件的限制，人们无法靠近和感受。但在沉浸式虚拟环境中，可以克服空间和时间的限制。让用户对该地区产生新的印象，从而影响人们对该地区的看法，并可能为游客和不同规模的地区发展提供新的动力。安娜·施密特（2018）认为在纳尔温（Nervion）河口的工业、矿业景观所规划和实施的城市发展行动上很少保留周围环境的特点，重点是放在独特建筑的再利用上。因此，对重要的旧工业区要有整体保护和维护的意识，增强场地的身份和意义，这是鼓励城市文化的完整性和促进区域认同感的一种可持续景观实践。巴塞罗那在波布雷诺工业区更新中没有对全部的传统工业实施并完成转型，而是采用新型产业及服务、居住功能结合的"复合街区"模式，在提供足够住房空间、娱乐空间和公共绿地空间的同时，满足了居民可以就近工作的需求。此外，在原有《波布雷诺工业遗产特别保护计划》的46个遗产名目内额外增加68项，充分肯定了该地区的工业遗产文化价值。德国杜伊斯堡内港在空间形态上保证其完整性，重新梳理交通系统，对更新后的内部办公、住宅、商业、文化、休闲娱乐等功能形成串联之势，尊重建筑遗产的真实性，严格控制新建建筑与工业建筑遗产的协调感。

表5 国外旧工业区更新策略部分研究情况

年份	学者	地区	更新策略具体表现
2004年	弗朗茨等	奥地利斯泰里亚	发展完善区域创新体系新的创新网络的建立和更间接的政策途径是旧工业区集群更新的关键因素
2007年	路易斯·洛雷斯，托马斯·帕纳戈普洛斯	葡萄牙布拉加体育场	重视建筑学、风景园林和城市规划
2013年	米克尔·维达尔等	巴塞罗那波布雷诺工业区	采用新型产业及服务、居住功能结合的"复合街区"模式，在提供住房空间、娱乐空间和公共绿地的同时，可使居民就近工作，颁布保护文件
2014年	卢奇卡·洛伯	匹兹堡	改变或重组土地用途，创造就业岗位并提高劳动力素质，恢复地区生态环境，复兴旅游业
2018年	安娜·施密特	西班牙纳尔温河口	要有整体保护和维护意识，增强场地的身份和意义
2019年	丹尼斯·埃德斯等	德国鲁尔地区	使用虚拟现实（VR）技术

三、国内外有关研究带来的启示

城市旧工业区更新改造最早始于欧美国家,在政府、企业、社会组织等多方参与下,旧工业区更新取得了大量的理论和实践成果。21世纪,旧工业区更新改造强调的综合多目标合作的更新战略,但在信息化和全球化发展的大背景下,旧工业区更新工作任重而道远。尽管当前的旧工业区研究文献较多,却仍存在研究深度不足、研究案例缺少对国家或特定区域历史背景或宏观情况的深入分析,对成功案例的内在运作模式和支撑体系等核心内容分析稍显不足。寻求"文化特色"的城市标签,加快城市转型的步伐,是每个工业城市的更新目标。在历史沿革、自身条件、城市环境、政策背景等因素的影响下,每个城市的工业更新手法却又各不相同。对此,还需加强对与旧工业区更新有关规律和基础理论的研究,对已开展的旧工业区更新模式、改造策略、运作体系、具体方式等经验归纳总结,做出合理研判;通过合理的综合评价体系与方法构建科学的更新规划策略,提高城市旧工业区的成功更新改造的概率。

第一章 六盘水工业发展历史概况

第一章 六盘水工业发展历史概况

本书提到的三个旧工业区位于六盘水市行政区域内,为城市初期的建设和发展带来了巨大推动力,凸显了三线建设时期坚韧、奋进的工作精神,在贵州西部地区留下了深刻的烙印。据已有资料记载,贵州在战国秦汉时期已有铁质器具的铸制,今六盘水市境在明清时期矿产资源就已得到初步开发。总体来看,六盘水工业发展历史主要在三线建设时期发展变化较大。在三线建设之前由于自身技术的缺乏和建设资金的不足,六盘水工业发展较为缓慢;工业布局零星,没有形成区域影响力。而三线建设之后很长一段时间内都处在回落、调整状态,继而发展为产业转型、布局更新的状态。因此,本书将六盘水工业发展历史围绕三线建设时间轴分为三个阶段。

第一节 三线建设之前(1964年之前)

六盘水矿产资源丰富,有煤、铁、锰、锌、玄武岩等矿产资源30余种,其中煤炭资源储量居全省之首。远景储量844亿余吨,探明储量233亿余吨,保有储量222亿余吨,具有储量大、煤种全、品质优的特点,是全国"14个亿吨级大型煤炭基地"之"云贵基地"的重要组成部分,是长江以南最大的主焦煤基地。

尽管六盘水矿产资源如此丰富,却因复杂的地形因素,导致中央政府对这片土地的开发时间虽早,但开发起来尤为困难。秦始皇开五尺道、汉武帝修牂河道,即便耗费大量人力财力,仍然"数岁,道不通",可见开发难度之大。虽在元二十七年(1209年)开通途经今六盘水市境的滇黔驿道,使这片疆域的军事战略地位越加凸显。但是,元成宗大德六年(1302年)史书就记载道:"颇知西南远夷之地,重山复岭,陡涧深林,竹木丛茂,皆有长刺。军行径路在于其间,窄处仅容一人一骑,上如登天,下如入井……"可见贵州多山,河流大多险滩,峡谷行进艰难,开发受限。

一、煤炭业

六盘水煤炭资源尤为丰富，固有"江南煤都"的别称。目前，出自嘉靖三十年（1551年）重修刊行的《普安州志》录有易绂的《过普安》诗中"窗映松脂火，炉飞石炭煤"的诗句是贵州用煤的最早记录。水城矿区的煤炭资源开发利用较早，在乾隆十一年（1746年）水城厅福集铅锌厂炼铅时，每炉每日以焦煤300斤为燃料。嘉庆年间（1796—1820年）民间开采煤炭多用于冶炼铅、锌、铜、银、铁，开采地点多集中于小河边、大河边、格目底、土地垭等地。在清光绪二十年（1894年），六枝的郎岱厅凉水井煤矿占地10余亩，有采煤30余人，在清初时期已普遍烧煤。民国前期，郎岱（今六枝）黑那孔煤田，便十分著名，开采主要在凉水冲、三岔沟、黑那孔、仙人庙等处。在《第三次矿业纪要》中，提到"含煤地层东西延长二十余里，可采煤层有三四槽，厚自二英尺乃至二十英尺"。民国18年（1929年），水城建观音山铁厂，郎岱建青山铁厂。在民国29年（1940年）时，贵州省政府《各县采煤估计》中就有记载，"郎岱3 000吨"的采煤产量。那时主要为季节性开采，一家一硐。中华人民共和国成立前夕，郎岱黑那孔每年产生铁5万千克。然而几百年间，对矿产资源的开发一直沿用镐、锤、钻、手拉风箱等传统工具，运输仍停留在人背马驮的状况。到了民国后期，煤炭效能被人们所熟知，除燃烧后用来生活外，还能为工厂提供动力和发电，这时六盘水的煤炭业开采范围进行了扩大，郎岱县在当时新增了小不都、大不都、茶子林、恰细、墓卜、打铁关、慕不鸦、继王寨、淌白水等开采点。水城和盘州的煤炭业也在民国后期有了发展，在水城的滑口寨、猴子场、臭煤洞、羊场坡、马罗菁、白马洞、红岩脚、滥坝等地进行开采，盘州煤炭的开采是在水塘、王家屯、土城、西冲这四地。其中，水城的臭煤洞煤田和盘州的普安煤田在贵州也是小有名气。水城臭煤洞煤田产地达十一个，可采烟煤9层，总厚约为10米，厚自1~6米不等，主要是销售城区或炼铅使用；水城小河边煤田，可采烟煤3层，中层大油碳，厚自1~2米，可炼焦；盘州普安县境煤田产地中，有烟煤1层至3层，厚自0.8～2.5米，可炼焦。民国三十二年至三十四年（1943—1945年），贵州省《各县煤矿矿产调查表》记载："水城小河边、麒麟乡、滥坝等地年产煤达2 700吨，民间自由开采。"

从20世纪二三十年代起，六盘水矿藏资源引起多位地质学家的关注，1925年11月至1926年1月，地质学家乐森璕在郎岱、水城作矿场调查，1927年再次前往该地时，查明观音山铁矿为深褐色赤铁矿，矿质纯，露出地面的矿脉约有两层，矿层最厚处超过6米，储量较他处为丰。由何辑五编著的《十年来贵州经济建设》"地质矿产"一章中对六盘水各处的煤炭调查总结道："盘县土城为二叠纪煤田。"以威宁、水城、盘州一带或其西之各煤田流灰少（硫不及1％，灰15％以下），为最佳之工业用煤，可见学者对六盘水市境内的煤炭资源的储量和质量高度认可。在中华人民共和国成立前，六盘水的工业刚刚起步，主要以煤、铁开采为主，由于技术的落后，六盘水矿产资源的开产量非常低。

1956年2月，煤炭部组织西南地区煤田普查，从普定追踪到郎岱、水城、盘州，逐步发现普郎煤田、水城北部煤田、水城南部煤田、盘州煤田以及六盘水以外的其他富藏炼焦煤的煤田。1957年仍在继续测量，普查勘探。1958年成立郎岱第一建井工程处、郎岱矿务局和水城建井工程处。1960年，贵州省第一座机械化洗煤厂在六枝凉水井建成。国家计划委员会重工业局于1961年8月29日撰写的《关于西南三省的煤铁资源》一文中说："郎岱煤田已探明7亿吨，远景46亿吨，为焦、瘦、肥煤；水城已探明6.2亿吨，远景55亿吨，为气、肥、焦煤；盘县已探明12.3亿吨，远景70亿～80亿吨，为肥、焦、瘦煤。这几个煤田的煤经过洗选，可以达到炼焦要求。"

二、冶铁业

明朝时期，普安州就开始冶炼生铁。到前清时期发展缓慢，到今时六盘水只在普安州有冶铁地。晚清时期，郎岱黑那拱，范氏开办铁厂；水城厅各乡，商民开办铁厂。1929年，贵州省冶铁业有了较快的发展，全省冶铁地增加到31县86处51厂，水城有观音山铁厂、小河边福集铁厂。当时，观音山铁厂有工人100人，月产达30 000千克铁，郎岱铁厂月产铁量有13 333千克。其采选炼铁是在露天场地中使用铁锄或尖咀锄，人工手选拣用或焙烧后剔选。冶铁用炉构造简单，大木桶作炉壳，内砌青石，且涂上耐火泥土，桶身前后各有一洞，前为出铁口，后为入风口。冶炼时，将矿石、柴、矿碳交替放置，直达炉顶，将柴引燃后鼓动风箱。待矿渐渐融化后，使用细沙铺地，铁液倒出置于其上，待冷却形成铁板之后，再进行燃烧加工，除去杂质形成生铁。由此可见，该阶段的六盘水冶铁方式较为粗放，以土办法居多；而且冶铁技术落后，采冶量低下。但是，随着人们生产、生活的实际需求，铁成为不可缺少的重要物资，冶铁业慢慢地不断发展。1939年，贵州省建设厅技师乐森璕在观音山勘查研究后，在《水城观音山铁矿》一书中指出观音山拥有贵州省最佳铁矿。1949年年底，国家组建西南地质调查所，统筹西南地区的地质矿产调查，并立即按照中央指示和西南军政委员会的要求开始对水城观音山进行铁矿勘探。1954年，贵州省工业厅决定成立水城铁矿筹备处，开发水城观音山铁矿；次年两座土高炉投产，并建立采煤炼焦车间。水城铁厂于在1952年开办，是当时贵州省第二铁厂；在两年后建成投产的7.5立方米的小高炉也是贵州省第一座热风焦炭炼铁高炉；1959年，已建成3吨转炉两座，炼出钢约为10吨。盘州火铺镇投资建成的炼铁厂是在1956年完成的，随后两年在盘州开展的大炼钢铁运动中，建成投产土高炉42座，并在1958年10月2日时宣布日生产铁21 914吨、烧结铁40 990吨、钢203吨。据统计，六盘水市境三地（水城、盘州、六枝）在大炼钢铁运动中，办大小铁厂6 500多个，炼铁热情不断高涨，但生产质量难以保证。

  总而言之，在三线建设之前，国家有关部门经过地质调查和整理分析，已经明确得知六盘水的矿产资源蕴藏量极其丰富，并已决定开发利用。经过一系列的前期摸索，为后来的三线建设提供了有效的依据。

第二节　三线建设时期（1964—1980年）

20世纪中期，党中央提出了"调整一线，建设三线，改善工业布局，加强国防，进行备战"的重大战略决策。

1964年5月，中央工作会议作出三线建设战略决策，明确传达毛泽东和中央领导同志在中央工作会议上的指示，"煤炭工业及三线建设要在国家统一安排下，积极主动地出击，满足三线建设的需求……"。在经过煤炭部和国家计划委员会负责煤炭工作的人员一同在云贵川三省十九个矿区进行了为期一个多月的调查研究，六枝、盘州、水城被一致认为蕴藏着大量炼焦煤和动力煤资源。此外，六盘水市境内地块破碎、山高坡陡，其复杂地形地貌的自然优势使之成为兵家要地和中国战略大后方。因此，六枝、盘州、水城三处的矿区被作为西南三线建设的重点配套项目，建设与四川攀枝花钢铁基地相配套的六盘水煤炭基地。1966年，由中共中央西南局向中共中央报送《关于贵州六枝、盘县、水城地区第三个五年计划时期工业建设规划的报告》中提出，"三五期间"建设矿井26对，年产原煤能力2020万吨，建设洗煤厂10座。到20世纪80年代中期，由于国家发展战略的需要，六盘水一跃成为一座新兴的、以能源、原材料为主的重工业城市。

一、六枝矿区

20世纪50年代初期，六枝煤炭全靠人力开采，产量低下。自煤炭部决定开发贵州六盘水煤田，六枝矿区也被列为煤炭部重点建设矿区之一。1958年，六枝矿区开始建设。同年11月，郎岱矿务局在六枝正式成立。1960年，撤郎岱县立六枝市，郎岱矿务局更名为六枝矿务局。1962年，为贯彻执行国民经济调整方针，撤销六枝矿务局，仅保留六枝、地宗两矿。六枝矿区在1964年被煤炭部列为重点建设矿区之一，受到西南煤矿建设指挥部和西南建委的双重领导。至此，六枝矿区建设进入了发展的新阶段。同年 10 月，贵州省煤管局拟定补套建成六枝矿井和恢复建设地宗矿。1965 年，总投资额 115 964 万元的六枝矿区全部建成。1966 年 10 月，地宗矿井建成投产。1970 年六枝矿务局成立，截至 1975 年共有 7 对矿井投入生产，除原有的地宗矿井、六枝矿井与凉水井矿外，还新建了四角田矿、大用矿、化处矿、木岗矿。1978 年六枝矿务局原煤产量完成 141.38 万吨，1980 年核定生产能力为 138 万吨。六枝矿区除矿井建设工作外，还建有地面建筑项目，包括地宗筛分厂、地宗选煤厂、凉水井洗煤厂、六枝矿务局机修厂、建筑材料厂等。当时六枝矿区建设者们虽然身处荒凉之地，但是位于山地地形复杂的六枝，仍然不忘作为三线建设者的坚定信念，写下豪言壮语，以此明志，如图 1-1 所示。

图 1-1 "身居山洞观世界，脚踏群山争先锋"——六枝矿区六十五工程处一大队职工写在山洞崖壁的豪言壮语

二、盘州火烧铺矿区

盘州火烧铺矿是盘江煤电（集团）有限责任公司（原盘江矿务局）所属的二级单位，位于盘州火铺镇境内。1958 年，时任煤炭部副部长钟子云与当时的贵州省委书记周林、副省长陈璞如研究结果决定，即以六

盘水煤田为重点，开发贵州煤炭资源，用以满足国家战略需要。在此之前，火烧铺矿区的零星开采主要使用的是手镐落煤的方式，以供生活所需。1960年的重庆煤矿设计院相关人员在勘探后，联合铁道部第二设计院、贵州省水电厅、水电设计院等十几个单位提出了《盘县煤田区域规划意见说明书》。煤炭部在1964年发出的《关于抽调施工、地质、设计等力量支援西南煤矿建设的指示》后，吉林一一二勘探队和中南一二九勘探队的共1 200人进驻盘州矿区，揭开了盘州煤田勘探会战的序幕。1965年李子树小井（盘州矿区建设的第一个小井）开工，1966年完成了火烧铺矿扩大井初步设计，矿井设计能力为150万吨/年。次年7月，火烧铺矿筹备处成立。1969年，水城煤炭设计院根据西南煤炭建设指挥部要求，将火烧铺矿井的设计年产量改为120万吨，其中矿井下设采煤区五个，分别是采煤一区、采煤二区、采煤三区、采煤四区和采煤五区；还包括两个掘进区，分别是掘进一区、掘进二区；同时还有三个开拓区，分别是开拓一区、开拓二区、开拓三区。1969年至1970年，根据《盘西矿区火烧铺矿井选煤厂扩大初步设计》规划方案，火烧铺选煤厂也开始了设计和筹建工作，设计年产量为150万吨，后因滑坡灾害影响，设计年产量改为90万吨。1970年12月，火烧铺矿平硐竣工移交；1971年8月，火烧铺矿平硐正式投产。

仅建设一年时间，火烧铺矿铁路专用线在1971年6月正式运营使用，装车发煤运往渡口。1972年1月，火烧铺矿和沙陀矿合并成为火烧铺煤矿。同年10月，盘州矿务局火烧铺矿更名为盘江矿务局火烧铺矿。1973年，火烧铺矿斜井竣工，设计年产量加上平硐共120万吨。1978年，火烧铺矿党委对以岗位责任制为中心的各项规章制度进行重新修订和梳理，初步对盘江矿务局火烧铺矿的安全和生产管理进行了规范化、制度化，做到明确责任，落实到人，扭转新局面。

三、水城钢铁厂

1966年1月，冶金部（66）冶设字第39号文下达水城钢铁厂（以下可简称水钢）设计任务书，经过现场勘察和推导研究后，最终决定在贵州六盘水水城县建设水城钢铁厂。同时，确定鞍钢的包建水钢的工作。同年 2 月，鞍钢首批援建水钢队伍奔赴六盘水，这也代表着三线建设序幕的拉开。1966 年 7 月 26 日，一号高炉破土动工；8 月 6 日，一号焦炉破土动工。当时，对水城钢铁厂的建设规划，总投资 1.34 亿元，根据规划要求提出水城钢铁厂要实现年产铁矿石 115 万吨，迁入鞍山两座中型高炉，年产 50 万吨生铁；装迁两座 36 孔焦炉，年冶金焦要达 40 万吨，并下达了 1966 年年末露天矿山拿下年产 115 万吨矿石的任务。1967 年 3 月，水钢汇报后决定先建二号高炉，1968 年 9 月一号焦炉正式烘炉，但由于煤、电供应不足，不能满负荷生产，烘炉长期处于高温保温阶段，导致第一炉焦炭于 1969 年 9 月 29 日推出。1970 年 9 月 1 日，一号高炉于当日下午 4 时烘炉，同年 10 月一号高炉正式出铁。1971 年，水城钢铁厂高炉创下日生产生铁 594 吨的纪录，次年 4 月 3 日炼钢工程正式破土动工。1974 年，水钢自行设计轧钢车间。1976 年 6 月，炼钢主要厂房完成土建，同时二号高炉和二号烧结机也要加快建设。1977 年 10 月 12 日，水钢二号高炉破土动工，次年 4 月 2 日高炉筑炉工程正式开工，并于 12 月水钢二号高炉正式烘炉。1977 年，贵州省计划会议上提出了"打好水钢续建的会战"的任务，这不仅是贵州省的重点，更是国家的重点。1978 年 12 月召开的中国共产党第十一届中央委员会第三次全体会议上，提出了"调整、改革、整顿、提高"的国民经济指导方针。水城钢铁厂为改变只产生铁不产钢材产品的单一状况和扭转亏损的严重局面，国家批准水钢配套建设炼钢、轧钢工程方案后，决定从自身内部挖掘潜力，多方筹措资金，自力更生搞发展。1979 年 1 月 1 日，水钢二号高炉正式出铁。1980 年，水钢线材轧钢厂车间初步设计按照第二工艺方案进行建设，设计建设年产达 10 万吨的线材车间。

六枝矿区、盘州火烧铺矿区、水城钢铁厂虽然几经波折，但最终在 1980 年前建成投产，另外在电力方面，贵州省第一台现代化 5 万千瓦高温高压双水内冷气轮发电机——水城发电厂Ⅰ号机组正式并网发电。

20世纪80年代初期,六盘水市总装机容量达到16.67千瓦。建材方面,水城水泥厂的第一条水泥生产线和第二条水泥生产线建成投产,也成为当时贵州省最大的水泥生产产业。至此,六盘水的煤炭、钢铁、电力、建材四大产业支柱逐渐形成。六盘水成为一座以能源原材料为主的现代化工业城市,并在中国经济战略布局中占据一席之地。

第三节　三线建设之后（1980年之后）

三线建设之后,各地工业虽然也存在一定的发展,但是后劲不足,在建设方面略显动力疲乏,出现了不同程度的衰落迹象。但是,秉承"勇于创新"的三线建设精神,工业企业迅速精准定位或者摸索产业优化转型的路子,在探索中逐渐成长,积极应对社会环境、市场需求的不断变化。

一、六枝矿区

1985年,原煤产量创下历史最高纪录达到157万吨。1989年,六枝矿务局的原煤包干产量、矿井自产量、原煤全员效率、百万吨死亡率以及人均收入等十项指标创下历史最高水平。进入20世纪90年代后,六枝矿务局进行了小井开发。1992年、1995年、1997年分别建成投产的有苦竹林煤矿,张维1号、2号、3号井和三塘矿井。此外,还开发了穿洞矿井、大田井、中寨2号井和六枝陡菁1号井。国家"九五"计划期间,六枝矿务局围绕"加快两个发展"战略目标,坚持走"以煤为本,多种经营,综合发展"的路子,以提高经济效益为中心,以减亏增盈为目标,做到"内抓管理,外拓市场",并取得了明显成绩,13个经营承包单位实现了减亏增利。

但自1997年起,市场急剧变化,贷款拖欠严重,导致资金极度紧张,职工收入出现了下降,企业管理难度也日益增加。面对严峻形势,六枝矿务局对此开展了应对工作,但由于主客观因素与内外部条件的制约,加之经济技术指标难以完成，导致企业进一步陷入困境。1999年9月4日，六盘水市中级人民法院在《贵州日报》公告六枝矿务局破产。自1958年建设开发至今，六枝矿区走过半个世纪，有过光辉历史，也有着可以憧憬的未来。2000年1月5日，利用破产财产重组新的企业——六枝工矿（集团）有限责任公司正式挂牌成立，如图1-2所示，以"解放思想，转变观念，振奋精神，加快发展"为主题，于公司成立第一年就实现了盈利。至今，六枝工矿（集团）有限责任公司大楼仍然在城市中心显得尤为醒目。六枝工矿（集团）有限责任公司顺势而谋，确立发展新思路，抓好产品质量，树立产品品牌，盘活存量资产，增强企业竞争力。牢牢抓住"西部大开发"的发展机遇，坚定"坚持四大支撑，实施四大战略，构建四条产业链"的发展思路。

图1-2 六枝工矿（集团）有限责任公司大楼全貌

二、盘州火烧铺矿区

1982年，盘江矿务局火烧铺矿各单位实现经济责任制，同时落实了岗位责任制、技术责任制和安全责任制，健全安全监督检查机构和管理网，为安全生产、良性经营、生活后勤等工作的开展明确了途径。同年，火烧铺矿达到 120 万吨/年的设计生产能力，成为江南第一座达到年产 120 万吨原煤的矿井。根据 1984 年黔煤发〔1984〕设字第 542 号文《关于火烧铺煤矿改扩建设计原则》文件要求，火烧铺矿井进行改建扩建工程，并补套建设设计能力 30 万吨/年的斜井北三采区。1985 年 7 月 30 日，时任六盘水市委书记谢养惠等人陪同中宣部部长、前贵州省省委书记朱厚泽亲临矿区考察、调研和指导工作。此行极大鼓舞了火烧铺矿职工战胜困难的信心和决心，也为火烧铺矿工人留下了宝贵的精神财富。

1986 年 11 月，北三采区 16121 综采工作面安装从英国引进的 MT-90 综合掘进机组并投入试生产。至 1990 年，火烧铺矿不断进步，荣誉丰收，包括"全国坑木低耗先进矿""坑木厂管理先进矿""一级质量标准化矿井""省级节约能源企业""贵州省爱国卫生先进单位"等称号。20 世纪 90 年代初期，火烧铺矿区超过水城矿务局汪家寨矿，生产原煤达到 181.74 万吨，成为"江南第一大矿"。1999 年，为提升原煤质量对火烧铺矿选煤系统分选工艺进行改造，并在 9 月开始试生产。2000 年，火烧铺矿改扩建工作完成，并经有关部门验收通过，同意移交正式投入生产。21 世纪初期，制定"三三三"机械化发展战略，即从 2003 年开始用三年时间，分三个阶段实现原煤生产 200 万吨以上、商品煤（精煤和混煤）产量 120 万吨以上、职工人均收入 12 000 元以上的三个目标。这三个目标在 2005 年 5 月提前实现，通过机械化的发展，矿井生产条件获得极大改善。同时建设"硅藻土净水站"及配套工程来解决矿井水直接外排的问题，且保持一级用水标准的水质，矿区面貌也发生了较大改变。2006 年以后，火烧铺矿区制定了"十一五"规划，期望到 2010 年时，可以实现原煤产量 300 万吨以上，商品煤产量 210 万吨以上，采煤机械化达到 100%，掘进机械化超过 90%。到 2018 年 1 月，火烧铺矿区已在贵州省率先建成辅助系统智能化项目，井下现有 4 个综采工作面和 7 个掘进头。2020 年 7 月火烧铺矿生产原煤 15.11 万吨，销售精煤 8.01 万吨，混煤 6.59 万吨，分别超额、提前完成本年度的原煤生产任务和商品煤销售任务；同年 8 月，火铺矿采煤一区完成回采煤量

6.9万吨，完成巷修进尺132.2米，完成喷浆任务312米，分别超计划完成计划指标任务。

在提高生产效能的同时，注重生态环境的治理。目前，火烧铺矿区对矸石山进行统一规划布局，通过种植大面积苹果、蓝莓、杨梅、李子等经济果林，完成了矸石山的一期二次覆土复绿工程，让昔日的矸石山变成了绿洲，大力推进了生态文明建设。随着新科技、新设备、新工艺、新技术等方面在生产中的运用与创新，火烧铺矿区将在改革创新中创造新绩，为盘江集团开创高质量发展的新局面。

三、水城钢铁厂

1981年建成年产15万吨的线材车间，1984年11月炼钢一期工程竣工，此时水钢拥有两座15吨氧气顶吹转炉并正式投产。至此，水城钢铁厂结束了有铁无材的旧岁月，成为一个初具规模的中型钢铁联合企业。1983年，贵州省计划委员会批复同意水钢建设一座年产7.2万吨的（一期）水泥车间。1984年，炼钢厂1号转炉炼出合格钢水，浇出合格钢锭，标志着六盘水"水城钢铁厂有铁无钢、贵州无普钢"的时代结束。1985年10月，水钢地下公园、笔架山公园的正式开放，丰富了水城钢铁厂员工和周边居民的休闲娱乐生活。1987年，水钢收获颇丰，不仅生铁产量突破60万吨大关，还获得了各类有关荣誉，如水钢被列为1987年全国150家推行全面质量管理的重点企业之一，"水钢牌"炼钢生铁被评为贵州省1986年优质产品等；同年6月，水城钢铁厂更名为水城钢铁公司。1989年9月，创下月产量最高纪录——生产合格钢20 207吨；并于10月，水钢进入1988年中国500家最大工业企业，排名第276位。到了国家"八五"计划期间，水城钢铁厂在1991年竣工投产6 000 m^3制氧机和2号连铸机及被压式发电机组；1993年三号焦炉回收工程，4号发电机组竣工投产；次年完成炼钢3号、4号连铸机的设备安装，以及小轧二期土建工程、大河水源二期工程和水泥厂二期工程。经过长期的配套改扩建工程和技术改造后，水钢从中型钢铁联合企业进阶成为以钢铁为主，集机械制造、矿业、建材、运输、化工为辅的国家型大型联合企业，达到综合生产能力为铁130万吨/年、钢130万吨/年、材120万吨/年。在生产的主要产品中，炼钢生铁、铸造生铁、热轧带肋钢筋、工业萘、改质沥青等9个产品获得贵州省"优质产品"称号，由水钢自行开发研制的改质沥青填补国家一项空白。此外，自有品牌——"水钢牌"产品远销世界各地二十多个国家地区，如日本、美国、澳大利亚、印度及东南亚等；其中"水钢牌"的炼钢生铁和铸造生铁被国家列为出口免检产品。

在改革开放后，国家提出建立社会主义市场经济体制的目标。在此过程中，由于多重原因，水城钢铁厂陷入严重亏损的境况，1995—1996年连续亏损达到3.039亿元，企业濒临破产危机。1997年2月召开的"学邯钢扭亏增效动员大会"是水钢扭亏转盈的关键会议，1998年水钢的钢、铁、材产量较1996年分别增长35.58%、101.33%和89.5%，1999年实现盈利2 011万元，提前一年实现"三年走出困境"的目标。进入21世纪后，水钢始终坚持"坚持、巩固、发展、提高"的工作方针，勇敢面对困难，在2001年实现利税4.25亿元，盈利8 606万元。2010年3月，水钢举行4号高炉炉壳吊装仪式，标志着水钢500万吨钢配套高炉项目主体工程全面开工。近年来更是转型发展，延伸拓展环保建材，建设智能立体停车库、装配式建筑，拓宽钢材深加工等新业务；开展82B、镀锌钢丝、钢绞线DX55、钢绞线DX60等工艺优化；随着5G微型基站、炼铁和炼钢MES制造管理系统、棒线12台"蓝宝"焊牌机器人等一系列智能化项目的研发和投用，推进水钢从"制造"向"智造"发展转变，填补了贵州省钢铁工业企业无机器人运用的空白。2012年6月，60兆瓦富余煤气利用发电技术改造项目竣工投产，标志着水钢循环经济、节能减排工作跃上新台阶，这一项目使水钢的用电自给率可达50%，年可节约成本近2亿元；厂区绿化率由24%提高到32%，固废资源综合利用率达97.10%，区域环境空气质量优良率达100%。目前厂区环境较好，建设有序。2019年5月，铁焦事业部6号、7号烧结机烧结产量达526 070吨，作业率达94.48%，烧结机利用系数为1.412 t/(m²·h)，烧结燃料消耗降至 54.63 kg/t，各项指标均创下历史最高水平。截至 2020 年 12 月 14 日，水钢铁产量完成 341.63 万吨，提前完成公司下达的 340 万吨铁产量年度目标任务。同时，响应"绿水青山就是金山银山"的号召，开展绿色工厂建设等项目，推动产城共融在"十四五"规划的关键之年，水钢紧紧抓住贵州省围绕"四新"，主攻"四化"的政策机遇，着力在新产品、新技术、智能制造、绿色制造等标准体系上进一步完善，提升钢材产品质量和企业信誉，打造钢铁企业品牌竞争力，促进企业长足发展。

  通过梳理六盘水工业历史发展脉络，三线建设是给六盘水带来大发展、大开发的一次重要机遇。从西部的三个农业县，到现今整合、蓄力，成长为中国西南部举足轻重的工业城市，这一路走来离不开中央高瞻远瞩的三线建设战略的提出和实施，更离不开"三线"人"献了青春献终身，献了终身献子孙"的崇高精神。三线建设留给六盘水巨大物质财富的同时，还带来了珍贵的精神财富，而这些终将成为六盘水城市建设发展的不竭动力。

第二章 六盘水城市旧工业区演变分析

第一节　六盘水旧工业区物质要素演变

　　物质要素是工业区价值的实体表达,是后期改造与更新的实物载体。按照温婷婷(2019)提到的工业区的实体要素主要包括土地与建构筑物,六盘水旧工业区的物质要素分析主要围绕土地和工业厂区遗存来看。城市的扩张和城市结构的改变,使得许多曾经处于边缘位置的旧工业区转身成为城市中心区,旧工业区的土地价值不断提升。在初期建厂时,选址经过规划设计,但是围绕工业生产为出发点,工人居住环境差,商业设施无法保障居民最低生活服务体系。在三线建设快速发展时期,六枝矿区多集中在马鞍山西南方向;水城矿区的建设较为分散,主要有汪家寨、老鹰山、发耳等区域;盘州矿区建设情况同水城矿区较为相似,但主要以盘关沿西一带建设,其他地区零星布置。这些地区建筑密集、道路纵横、矿井遍布,一派繁荣发展的景象,并开始重视生活福利设施的配套,居住环境和生产环境得到改善,这一时期还修建了如矿区医院、俱乐部、澡堂、教育建筑等。进入调整建设时期后,部分工业企业关停,轰隆作响的热闹景象被萧条荒凉境况所替代。

　　面对这一形势,六盘水提出要聚力推进工业大突破,依托比较优势,提质发展传统特色产业,推动产业园聚集,发挥龙头企业带动作用,延长产业链条,做强产业品牌,构建高质量发展工业产业体系,由"江南煤都"向"中国凉都"逐步转型。这一战略的提出,为六盘水旧工业区振兴带来了希望和活力,工业区的居住环境进一步得到改善,基础设施不断完善,生态文明建设加强,努力构建宜居的新型工业空间。笔者在实地走访中发现,六盘水旧工业区物质要素的演变形态基本契合地区需求,从三线文化展示园到新兴文化酒店等方面的实践也给其他地区的演变形态带来了参考价值。原盘州六七一厂火铺旧址的办公楼如今也成为当前盘州火铺胜境街道办事处办公楼,建筑原貌变动不大,仅停留在建筑立面翻新和构成要素替换上；在空间上物尽其用，尽量满足日常办公的需求，如图2-1、图2-2所示。

图 2-1　原盘州六七一厂火铺旧址的办公楼

图 2-2　目前盘州火铺胜境街道办事处办公楼

第二节　六盘水工业空间形态演进

一、缓慢生长时期（明后期至中华人民共和国成立前夕）

六盘水的工业源于明代后期的铅锌矿采冶业的兴起，因为地形复杂、凌乱，加之技术长期处于落后状态，导致六盘水工业在明清时期发展缓慢。郎岱厅凉水井煤矿在清光绪二十年（1894年）时，占地十余亩，采煤工人三十余人。虽然在民国时期稍有发展，但直至解放前夕仍处于落后状态。民国前期的煤矿开采主要在郎岱黑那孔煤田的凉水冲、三岔沟、黑那孔、仙人庙等处。民国十八年（1929年），水城建观音山铁厂，郎岱建青山铁厂。民国二十七年（1938年），贵州省政府在调查后发现，省会东郊巫峰山一代煤矿丰富且具有开采价值，加之人们认识到煤炭的巨大效能，遂在郎岱继续扩大开采范围。

二、国家普查规划时期（1949—1964年）

在这段时期，国家意识到六盘水的煤炭资源储量的丰富，决定依次对水城、盘州、六枝三地开展煤炭工业建设规划工作。1956年，煤炭工业部西南煤田地质勘探局派出地质大队在盘州、水城、六枝煤田进行普查和地质填图工作，最终探明三地可供建井的储量高达18亿吨。在1958年的《贵州省煤炭工业第二个、第三个五年规划（草案）》中提出要在十年内，在六枝和水城地区建井38对。1964年，中共中央西南局根据中央决定，确定了以六盘水矿区为中心的煤炭基地建设工作。六枝是在第二个五年计划时期被列为贵州省煤炭工业建设重点地区。在1958年至1964年，开工的矿井有凉水井一号、凉水井二号、倒马坎、地宗平峒、苗家寨矿井、六枝矿井（大跃进一号）猫猫洞矿井、四角田（老）矿井等，另外还有电厂也在同一时期开工。盘州矿区在贵州省煤田地勘公司的普查和精查工作完成后，发现各类井田的煤炭储量达22亿吨，随后对盘州矿区开展了总体设计工作。水城矿区在1949年后才正式国营开采，1955年省工业厅拟在此处建立一座采煤炼焦车间。水城矿区在1958年时有小煤井550座，煤场172个。1964年，中央决定在第三个五年计划期间内用最快速度建设水城等五个重点煤炭基地。

三、三线建设快速发展时期（1965—1980年）

面对中共中央在贵州西部煤藏资源丰富的六枝、盘州、水城建立重点煤炭基地的战略部署，1965年1月西南煤矿建设指挥部的成立拉开了三线建设的序幕。1966年，六盘水的煤矿建设的大小会战全面展开。1970年4月，第一列载满煤炭的列车由水城矿区的野马寨火车站开往四川。至1978年年底，六盘水矿区交付生产矿井21对，原煤生产能力达781万吨/年，建成选煤厂4座，入洗原煤能力470万吨/年。同时，为确保成为"打不垮、拖不烂的硬三线"，曾任中共中央总书记的邓小平和时任西南局第一书记的李井泉指出，"钢铁厂建设要抓紧建设，只有钢铁煤炭上去了，才能独立作战"。1966年1月，《水城钢铁厂设计任务书》下达，要争取在1972年完成建设。建设期间虽然受到一些的阻碍，但是经过工人们夜以继日的不断拼搏，水钢在1978年基本形成了65万吨铁/年的综合生产能力，水城钢铁厂改名为"水城钢铁公司"；观音山矿区在同年被确定为年采50万吨铁矿石的正规矿山。水城钢铁公司在1983年实现860万元的盈利，摘掉"亏损企业"的帽子。六盘水的电力建设工作从1965年3月开始，国家煤炭部决定从中南煤管局抽调技术人员进行支援；次年7月，六盘水电力指挥部成立；1968年5月新建水城变电站。1968年，贵州送变电工程竣工，贵州电网电源向六枝供电，盘州也在当时建立了110千伏盘关变电站和110千伏水盘输电线。到1983年，六盘水电网已延伸至黔西南州和南盘江水电建设工程。此外，水城水泥厂于1966年开工建设，1970年第一条水泥生产线建成投产，如图2-3所示，并在1978年完成对煤粉系统设备的改造。

四、调整建设时期（1981年—20世纪末）

确定三线建设企业调整改造源于1984年1月在北京国务院三线建设办公室第一次召开的成员会议，并经过长达六个多月的调查，认为三线建设时期由于选址匆忙，导致第三类企业建在了有灾害隐患的地质险峻区域、不宜居住之处等情况的发生。因此，

图2-3 水城水泥厂投产庆典现场

处于该情况的六盘水六七一厂迁至贵州清镇市郊,并改名为"盘江化工厂"。20世纪后,六枝矿务局建成苦竹林煤矿、玉舍煤矿、比德煤矿;盘州矿区对火烧铺矿井、土城矿井扩建,建成金佳矿井,成立贵州松河煤业发展有限公司、火铺矸石发电厂、盘北选煤厂等;水城矿务局新建大湾煤矿、二塘选煤厂、中岭矿井,成立贵州格目底矿业有限公司、水矿床股份公司机械制造分公司。水城钢铁公司在1994年12月成立集团公司,1997年7月改制为水钢(集团)有限责任公司。在电力方面,2005年时,六盘水市及威宁、普安两县的全部行政村都已被电网覆盖。六盘水供电局肩负着六盘水电网的管理和六盘水市行政区域内盘州市、六枝特区、水城县、钟山区的电力供应任务。截至目前,有效供电面积9 926平方千米,全网拥有500千伏变电站1座,220千伏变电站13座,110千伏变电站46座,35千伏变电站56座;变电总容量9 177.75兆伏安。

五、转型奋起时期(21世纪初至今)

面对21世纪前积累的辉煌成就,工业作为城市经济增长的重要支撑,在快速发展后都出现了不同程度的衰落。特别是在我国实行改革开放的市场经济后,六盘水的三线建设企业一度陷入困境。在经过一段低迷时期后,这些企业也采取了相应的手段。一是通过技术的创新和设备的改造。水钢在一系列智能化项目的研发和投用后,不断推进从"制造"向"智造"的转变,并且填补贵州省钢铁工业企业无机器人运用的空白,逐渐向内涵式转型发展。二是对不再延续工业用地功能的遗存,进行城市公共空间或发展商业用地等方式的改造。六枝矿区在地宗矿的洗煤厂原址上建设六枝三线建设博物馆,该博物馆以可持续发展为目标,对工业要素进行重构,对自然要素进行改善。不仅是旧工业区工业遗产改造的成功案例,还是全国首个建设在原工业遗址上的综合型博物馆。此外,盘州671厂三线文化园则是利用原火铺671厂进行打造的,在园区内部重塑三线建设场景,展现"三线人"艰苦奋斗的品格。三是位于郊区的工业区逐渐成为城市的内城区,因用地需求无法满足其规模化生产等原因,这类企业进行外迁。

而遗留在内城的旧工业区，通过转型成为较为集约的高新技术园区，既增强地区区域经济能力，又提高城市的综合竞争力。

第三节　六盘水工业区演变类型

根据旧工业区个体空间、城市层面、区域层面演变的几种类型来看，六盘水旧工业区的个体空间演变类型为团块状演变，即在城市扩张背景下，区域内的工业企业紧凑地凝聚在一起，通过集约利用土地获得更多的产出效益，如图2-4（a）所示。从城市层面的演变类型来看，六盘水内除淘汰的、关闭的工业企业外，还有更多企业通过产业结构调整升级后，汇集高精尖技术继续在城市内城区发展，奠定工业布局的基础。新兴的或是外迁的工业企业选择在城市郊区发展，进而发展成为圈层式演变，如图2-4（b）所示。在区域层面演变中更倾向于梯度推进式演变，这也与中国工业化过程是高度契合的，即从工业发达地区向工业不发达地区演进。

（a）六盘水工业区团块状演变示意图　　（b）六盘水工业区圈层式演变示意图

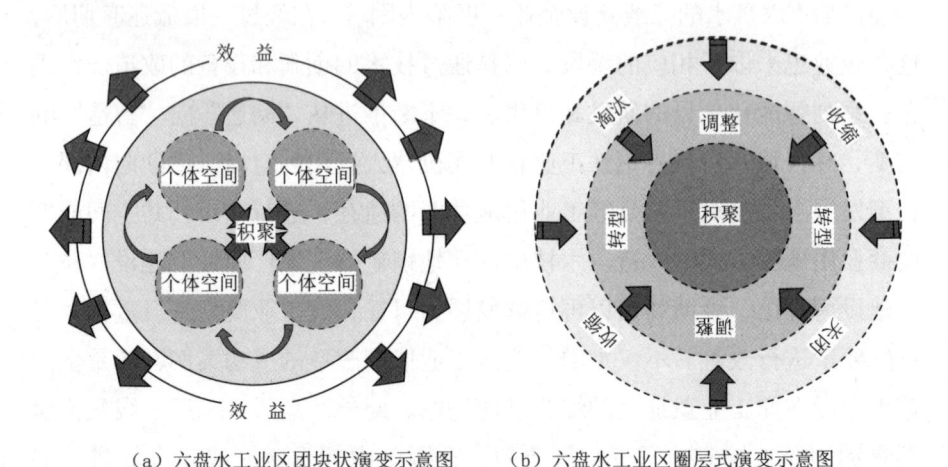

图 2-4　六盘水工业区团块状演变、圈层式演变示意图

第四节　六盘水工业遗产的统计及概况

工业遗产是工业革命的直接产物，见证了工业进程的发展历程。作为人类遗留的文化景观之一，工业遗产同样是具有风貌特色和时代特征的文化资源。对它的保护和利用是促进地方消费、解决就业、增加创业机会、加快产业升级，为解决城市工业发展历史遗留问题的一剂良药。梳理六盘水工业遗产物象，选取恰当的更新改造方式，对城市文化、城市形象和城市经济都有所助益。

一、六盘水工业遗产范围和登录标准

为认真贯彻《国家工业遗产管理暂行办法》等文件的批示精神，贵州省在2019年3月决定组织开展《贵州省工业遗产名录》编制工作。根据文件的有关规定，此次的工业遗产名录仅遴选作坊、车间、厂房、管理和科研场所、矿区等生产储运设施，以及与之相关的生活设施和生产工具、机器设备、产品、档案等物质遗存（暂不包括非物质遗产）。同时，应在1980年之前建成（个别具有特殊意义或历史价值的工业遗产项目，建成时间可适当延后），具有较高的文物价值、历史价值、科研价值、社会价值或文化价值，或者在本单位、本地区、本行业发展史上具有标志性意义的。

因此，根据《贵州省工业遗产名录》编制要求，六盘水市初步筛选出的工业遗产项目共有八处，包括水城的首钢水钢一号高炉本体及配套生产工艺设备设施以及历史档案资料，六枝的化处煤矿旧址生产、生活和办公配套建筑设施，四角田煤矿旧址生产、生活和办公配套建筑设施，地宗铁路专用线生产和储运设施，木岗专用线生产和储运设施，地宗选煤厂旧址厂房（见图2-5），凉水井煤矿旧址（见图2-6）生产、生活和办公配套建筑设施，大用煤矿旧址的生产、生活和办公配套建筑设施等内容（见表2-1）。

图 2-5　六枝地宗选煤厂旧址

图 2-6　六枝凉水井煤矿旧址

表 2-1　六盘水工业遗产项目清单[1]

序号	地区	遗产名称	建造年代	遗产核心物质
1	水城	首钢水钢一号高炉	1966 年	高炉本体及配套生产工艺设备设施以及历史档案资料

[1] 2019 年贵州省初步筛选出的工业遗产项目清单。

续表

序号	地区	遗产名称	建造年代	遗产核心物质
2	六枝	化处煤矿旧址	1958年	生产、生活和办公配套建筑设施
3		四角田煤矿旧址		生产、生活和办公配套建筑设施
4		地宗铁路专用线		生产和储运设施
5		木岗专用线		生产和储运设施
6		地宗选煤厂旧址		厂房
7		凉水井煤矿旧址		生产、生活和办公配套建筑设施
8		大用煤矿旧址		生产、生活和办公配套建筑设施

同时，从国家认定的条件来看，工业遗产必须具备下列条件：一是在中国历史或行业历史上有标志性意义，见证了本行业在世界或中国的发端，对中国历史或世界历史有重要影响，与中国社会变革或重要历史事件及人物密切相关，具有较高的历史价值；二是具有代表性的工业生产技术，反映某行业、地域或某个历史时期的技术创新、技术突破等重大变革，对后续科技发展产生重要影响，具有较高的科技价值；三是具备丰富的工业文化内涵，对当时的社会经济和人文发展有较强的影响力，反映了同时期的社会风貌，在社会公众中拥有强烈的认同感和归属感，具有较高的社会价值；四是规划、设计、工程代表特定历史时期或地域的工业风貌，对工业后续发展产生重要影响，具有较高的艺术价值；五是具备良好的保护和利用工业的基础。对照以上条件，六盘水的水城钢铁厂、六枝矿区分别入选了中国工业遗产保护名录第二批次和第三批次。六盘水的水城钢铁厂的工业遗产核心物项有始建于1966年的一号高炉（始建于1917年，从鞍钢迁建而来）、档案、图纸、厂志；六枝矿区的

工业遗产核心物项包括始建于 1958 年的地宗选煤厂原（精）煤运输走廊、装（卸）煤仓、洗选车间、地宗煤矿主井硐、职工澡堂、六枝煤矿主副井硐、四角田煤矿主井硐、生产连（区）队办公区、矿锻工房、筒子楼、职工干打垒成片住房、职工大食堂、苏式办公楼与礼堂、地宗铁路专用线及補林大桥、物资总仓库木架构站台、火工品库、六枝电厂老厂房 1 栋以及六枝电厂除尘设施。虽然盘州火铺片区的 671 厂、火铺矿、火铺选煤厂的厂房、设备、仓库、医院、运输路线等暂未列入中国工业遗产保护名录，但是依然具备较高的历史性和文化性，也是突显区域特色的重要物质基础，六盘水工业遗产统计见表 2-2。

表 2-2　六盘水工业遗产统计表

序号	地址	名称	始建年代	工业遗产核心物项	中国工业遗产保护名录批次
1	贵州省六盘水市水城特区	水城钢铁厂	1966 年	一号高炉（始建于 1917 年，从鞍钢迁建而来）、档案、图纸、厂志	第二批
2	贵州省六盘水市六枝特区	六枝矿区	1958 年	核心物项包括地宗选煤厂原（精）煤运输走廊、装（卸）煤仓、洗选车间、地宗煤矿主井硐、职工澡堂、六枝煤矿主副井硐、四角田煤矿主井硐、生产连（区）队办公区、矿锻工房、筒子楼、职工干打垒成片住房、职工大食堂、苏式办公楼与礼堂、地宗铁路专用线及補林大桥、物资总仓库木架构站台、火工品库、六枝电厂老厂房 1 栋以及六枝电厂除尘设施	第三批

续表

序号	地址	名称	始建年代	工业遗产核心物项	中国工业遗产保护名录批次
3	贵州省六盘水盘州市（原盘县）	火铺片区	1965年	671厂，火铺矿，火铺选煤厂的厂房、设备、仓库、医院、运输路线等	暂未列入

二、六盘水部分工业遗产的基本情况

（一）水城钢铁厂一号高炉

水城钢铁厂一号高炉原是鞍钢的二号高炉，是日本在1919年掠夺东北资源时修建。1966年2月对其拆解编号后，由鞍钢搬迁至水钢的568立方米高炉，也就是现在的一号高炉；同年7月破土动工。由于当时的煤、电供应不足，一号高炉至1970年9月才正式开炉，10月1日出铁。到1978年，一号高炉已到一代炉龄，需要进行大修，因此暂停生产。1989年12月，一号高炉改造性大修竣工，有效容积扩大至633立方米。2000年，改造性扩容达788立方米，于同年4月投产使用。2014年8月11日，拥有近百年历史的水钢一号高炉正式停止使用。一号高炉不仅是六盘水钢铁事业奠基石，也是三线建设时期人才辈出之地。考虑到1号高炉在六盘水三线建设上重要的历史地位和重大意义，2019年4月12日其正式被列入中国工业遗产保护名录（第二批）。

（二）地宗煤矿主井硐

地宗煤矿是六枝矿区建设的开发重点，计划开工10对矿井，地宗矿井就是其中之一，也曾名为"大跃进二号"。1958年11月开工，平硐开拓。1962年地宗矿井停建；1964年8月贵州省煤管局对六枝矿区的矿井命名，将"大跃进二号"正式更名为"地宗矿井"；1965年煤炭部决定用"集中优势兵力打歼灭战"的方法开展地宗矿井建设大会战，目的是建成年产 45 万吨的地宗矿井。同年 11 月，时任中共中央总书记、国务院副总理的邓小平同志亲临地宗会战第一线视察，并为职工解决了吃菜困难。此次的地宗矿井建设大会战实现了开拓进尺月平均达 1 450 米，最高达 2 000 米；开拓煤量达 4.3 年，准备煤量达 3.7 年，回采煤量达 10 个月。1966 年 10 月，地宗矿井建成投产。地宗矿井的原煤从主井硐口通过 600 米的架线电车运到地宗洗煤厂，经过加工入洗成精煤，再销往广东、广西、湖南、贵州等地区。1974 年地宗矿生产处于停顿或半停顿状态，原煤产量大大降低。1999 年实施政策性破产，共生产原煤 748.6 万吨。地宗矿井最早在六枝矿区破土动工，是六枝煤炭工业发展的见证者。目前，地宗煤矿主井硐保存较好（见图 2-7）。

图 2-7　课题组成员查看地宗煤矿主井硐

（三）地宗选煤厂

地宗选煤厂的前身是地宗筛分厂（又称地宗加工厂），1965 年组建，1966 年投产，负责六枝、地宗两矿毛煤的粗加工及原煤的统一销售。当时厂内建有煤楼 1 座，干打垒 3 474 平方米跨线煤仓 6 个，铁轮专用线轨道长度 6.64 千米；设备有滚轴筛分机、手选皮带运输机、原煤及返煤皮带运输机以及配煤皮带运输机、轨道衡等固定资产 800 余万元。初加工的煤炭质量提高不多，为适应冶金、电力、化工工业的需要，1966 年 12 月经煤炭部审批确定在筛分厂建一座年入洗原煤 60 万吨的地宗洗煤厂。几经修改设计后，1980 年由贵州省煤炭基建局六十六工程处承建施工,同年5月地宗洗煤厂恢复建设,如图2-8所示。1982年10月8日,地宗洗煤厂正式建成试生产,全厂设有洗煤、选运、机电、技检、供销、回硫六个车间。主要工作为入洗六枝、地宗两矿原煤,加工后的精煤、中煤、煤泥及筛分部分原煤外销。1991年8月1日,地宗洗煤厂正式更名为"地宗选煤厂"。

图 2-8 地宗选煤厂发展时期全貌

(四)六枝煤矿主副井硐

六枝煤矿建于1958年,矿区境内地势西北高,东南低。同年9月,平硐开拓。由于当时生产条件较差,没有电,也缺乏机械设备,全靠铁锤、钢钎的手工作业,于1961年简易投产。而三年困难时期造成了矿井生产和职工生活困难,在1962年六枝矿井决定停产,后经有关部门一再争取才准予保留,并对生产、通风、安全系统进行补全、配套。1964年8月更名为六枝煤矿,1965年12月正式投产。2000年六枝煤矿与地宗煤矿、选煤厂合并后更名为六枝井,2002年回收关闭,如图2-9所示。

图 2-9　六枝煤矿主副平硐

(五) 四角田煤矿主井硐

四角田煤矿位于六枝林家冲村，占地总面积为 21 万平方米左右。该煤矿矿井周围被群山环抱，地势东高西低，其井田范围在六枝向斜北东翼西北端。四角田矿井前身为六枝矿区指挥部小井开发处，1966 年 8 月四角田矿井开发，小井开发处与四角田矿井合并，1966 年 10 月破土开工，平硐开拓，1970 年 8 月 1 日简易投产。四角田煤矿原煤由主井硐通过 1 300 米的窄轨铁路运到地面煤仓装火车销往广东、贵州。最终，四角田煤矿于 2013 年实施关闭转移。但是围绕四角田煤矿的配套设施建设比较完善，而且绝大多数保存较好，与主井硐一同被列入中国工业遗产保护名录（第三批），如图 2-10 所示。

图 2-10　四角田煤矿主井硐

（六）矿锻工房

矿锻工房为四角田煤矿的锻造炉，如图 2-11 所示。

图 2-11　四角田矿锻工房

（七）補（补）林大桥

六枝矿区刚建设时，短途运输极为困难，其方式便是使用驮马和牯牛。后在1960年，批准建设六枝铁路专用线，并在1965年建成5.5千米的地宗铁路专用线和3.7千米的六枝矿井地面轻轨。補林大桥则是地宗铁路专用线上的一段，为地宗矿至四角田矿的运输专线。目前補林大桥保存完好，承重构件上绘有少数民族图案，横跨六枝城区，成为一道独特的风景线，如图2-12所示。

图2-12 補（补）林大桥

（八）六枝电厂老厂房

六枝电厂紧靠六枝东风水库，是矿务局的自备电厂，主要从事煤矸石发电及专供电业务，全厂占地61 650平方米，厂房建筑面积6 676平方米。六枝电厂于1958年筹建，1959年年初动工，1960年2月建成并正式投入运行，1965年更名为"六枝矿区指挥部电厂"。电厂建设一期工程安装匈牙利生产的3.15千伏，1500千瓦的发电机，3.15千伏，2100千伏安的变压器；单缸混合凝汽式汽轮机和单汽鼓斜水管链条炉锅炉。电厂二期工程采用国产6.3千伏，1500千瓦发电机；冲动凝汽式汽轮机和翻板炉排抛煤炉锅炉。在一二期工程投产后,使六枝矿专线与凉水井矿专线可以互相备用,在任一回线路事故的情况下,另一回线路可供两矿用电。1985年时,六枝电厂生产厂房面积达6 766平方米,完成发电量3 085.33万度。在2014年12月,六枝矿务局电厂根据贵州省及六盘水市有关部门的要求,关停了所有机组。当前,烟囱、厂房建筑保存完好,各类除尘设施静伫于此,墙面标语依然清晰可见,如图2-13所示。

图2-13 六枝电厂全貌

(九) 物资总仓库木架构站台

六枝物资总仓库是三线建设时期西南煤矿建设指挥部的后勤配套项目,属于大西南三线建设物资储运中转基地,也是现下贵州保存最完整的三线建设物资储运火车站,已录入中国工业遗产保护名录(第三批)中的木架构站台,目前仍在使用,如图2-14所示。2017年,六枝特区依托三线建设时期西南物质调运总库的现有老厂房,整合力量,在不破坏、不改变厂房旧貌的基础上进行文化点缀和元素修复,改造成为六枝物流中心。截至2022年,该物流中心已有30多家物流、电商企业形成合力、抱团共同发展,日平均营业额在20余万元。通过实地调查发现,六枝总仓库的木架构站台保存完好,风貌特征依然如初。一侧的铁轨在野草中依然清晰可见,也正是在此驶出了一列列运往各地的三线物资的火车,成为三线建设的坚实后盾。

图 2-14 物资总仓库木架构站台全貌及局部

(十)筒子楼

在六枝矿区的开发建设初期,职工住的是油毛毡房的简易工棚,睡的是通铺。从 1960 年到 1965 年,居住条件虽然有所改善,但是仍存在一部分职工睡通铺的现象。直到 1982 年,单身职工才全部睡上了单人床。四角田煤矿的筒子楼位于一段斜坡的转角处,整体造型圆润,是当时的单身职工宿舍,这也说明矿区职工生活的福利设施不断完善,如图 2-15 所示。

图 2-15 四角田矿筒子楼

第三章　国外旧工业区更新改造实践

19世纪中期，国外的旧工业区日益衰退，使提前进入后工业化时代的欧美发达国家开始关注这类区域的未来发展道路。从最初的大规模拆建导致的工业文化割裂，到20世纪保护观念的萌芽，旧工业区更新改造的手法变得更加多元化，有关理论体系初具规模。国外旧工业区更新改造到21世纪进入了成熟期，政府支持、民众参与而形成良好氛围，实践经验和理论体系更加完善。

第一节 国外旧工业区更新改造实践案例

一、英国铁桥峡谷

英国作为十八世纪工业革命的先驱者，城市本身具有浓厚的工业革命氛围。铁的制造使人们摆脱了对木材的依赖，解决了木材供应日益减少的难题。由于煤储量丰富，使得煤在冶炼中的使用规模不断扩大。英国的铁桥峡谷位于西部的什罗普郡塞文河畔，由于煤炭开采业、铁骑制造、机械工程业的大规模发展，使其成为世界工业革命的发源地，其中铁桥和鼓风炉最为著名。

这块区域的工业化痕迹在中世纪时期就已开始，通过对文洛克修道院周围考古挖掘工作发现，有炉顶铅被熔化的碗式炉和铅切割的实证。位于铁桥南部的磨坊大坝很可能起源于中世纪，也可能是科布鲁克代尔钢铁厂的大坝之一。实际上，峡谷中最重要的工业是煤炭。1635年，Benthall和Broseley被评为英国主要煤矿，年总产量约为10万吨。煤炭开采引发相关联的工业基础设施建设以及后期的冶铁工业产生。面对快速发展的工业的发动机、机械和建筑物需要大量铁的供应的现实，峡谷之间的货物运输成了企业的困扰。因为货物穿越塞文河的唯一途径是通过四公里的桥，或是依靠在塞文河上来回穿梭的渡船。1773年，人们提出建造一座新桥的计划。托马斯·法诺尔斯·普里查德建议在河上建造一座铁桥。虽然这个提议遭到强烈的质疑，但最终同意铸铁造桥。

铁桥修建于1779年，是一座高52英尺，宽18英尺，跨度达100英尺的拱形结构铸铁桥，它也是当时世界同类大建筑中的第一座铁桥。横跨赛文峡的铁桥在这里展示了铁的新特性，修建完成后，塞文河在1795年时遭遇了一场可怕的洪水，除铁桥外的其他石桥全部遭到破坏，自此，修建铁桥的科尔布鲁克工厂开始接到更多的铁桥订单。以铁桥为标志的沿河两岸在当时遍布采矿区、铸造厂、工厂、车间和仓库，这对当时该地区的经济、科学技术的发展都产生了巨大的影响。到18世纪，铁桥峡谷已经是英国最大的制铁生产商之一，铁桥也成为工业革命和18世纪英国工业成就的象征。

"二战"末期，工厂几乎全部关闭。20世纪60年代开始对工业遗产进行保护，20世纪80年代由英国在世界上开创工业遗产旅游，1967年铁桥峡谷被宣布为保护区，1986年该地区被联合国教科文组织正式列入世界自然与文化遗产名录，而且铁桥峡谷是第一个工业文明的世界遗产。围绕着旧高炉和砖厂，人们在布利斯山建立了一个露天博物馆；旧的科尔布鲁克代尔遗址上的大仓库变成铁的博物馆，剩下的长仓库被改造成了图书馆和办公室；科尔波特中国工厂变成了博物馆，塞文仓库变成了游客中心，杰克菲尔德瓷砖工厂变成了瓷砖博物馆和瓷砖制造中心；一些旧的居住区、工厂被修复和翻新。铁桥峡谷在工业的没落中形成了一个由酒店、宾馆、商店和餐馆组成的新兴旅游产业。通过对铁桥峡谷工业片区的规划和保护，恢复因煤炭工业、铁开采业而被破坏的生态环境，并且以工业物质遗存与工业精神财富建造主题博物馆，让造访者感受到以前未有过的，区别于传统自然观光和历史古建筑的特殊旅游情趣。

现今，整个铁桥工业遗产旅游区占地10平方千米，拥有七个工业纪念地和博物馆，285个保护性工业建筑，工业遗存十分丰富。1988年，共有40万人游览此地，工业遗产旅游的发展达到高峰，目前平均每年约有30万人游览此地。英国的工业遗产地在1993年大约有1 000个，其中被列入国家保护名册的在1998年就超过了600个。

二、杜伊斯堡北部景观公园

杜伊斯堡是德国西部鲁尔地区重要的工业城市，而北杜伊斯堡公园与19世纪下半叶的梅德里奇地区炼铁厂的发展有紧密的联系。鲁尔地区的煤炭第一次在地表被开发时，它的工业历史就开始了。后来工业革命的产生和铁的大规模生产，特别是"二战"后，煤炭的产量达到峰值，鲁尔地区仍为德国的经济奇迹做出了贡献。此后，石油的开采导致煤炭的能源地位被取代，鲁尔地区的煤炭也不再具有竞争力，鲁尔地区经济战略也逐渐开始从"一个工业区到一个专门从事服务业的地区"的转变。在20世纪70年代，梅德里奇的工厂同样在面对这场危机。为了脱硫厂剩下的三百名员工，蒂森钢铁公司商定工厂关闭后，要为每个人提供可以替代现有工作的场所。但是需要花费七千万马克拆除工厂地上部分，对此拆除的计划就被放弃了。直到1989年，政府决定要将杜伊斯堡北部面积为230公顷的旧工业废弃地作为参加国际建筑展的参展项目，并组织北杜伊斯堡公园概念的国际竞赛。最终评估委员会选中了景观建筑师彼得·拉茨的概念，即"在利用中引入场地的历史"。因此，杜伊斯堡北部的景观公园被开发出来。

彼得·拉茨的方案特点包括：一是梳理场地原有的工业基础骨架。包括炼钢高炉、运输线路、矿渣、厂房、煤气罐等，充分考虑结构特点，将其合理地布置在公园中，如公园的内外联系由原工业运输铁路、公路和路堤等组成；二是工业设施结合各自特点，赋予其新的功能。堆放矿渣的库房变成花园，煤气罐变成潜水中心，高炉变成观景台，就连工业运输天桥也摇身一变成为高架观光道；三是重视公园的生态修复。彼得·拉茨提出分步建设的构想，他认为应该以长远的眼光和柔和的方法来实现生态恢复。铺设污水管道促使污水与地表水的分流，利用雨水回收技术使水渠获得干净的清水。经过规划，曾为钢铁厂提供氧气和电力的发电厂现为可容纳3 800人、可举办展览会或晚会的活动大厅；原厂房内部的设备仍然保留，传递历史工业信息；夏季在原煤气表附近搭建露天电影院,滑动的屋顶保证雨天也不会打扰游客观影;煤气罐改造成潜水中心,由沉船、汽车和人工暗礁组成的人造水下世界里,游客可以潜到13米深的水下,甚至可以在此获得潜水执照;在以前混合和储存焦炭、矿石和其他材料的地堡中,还建起了一座攀岩花园,掩体高达7米,提供350条不同难度的路线;在5号高炉周围,提供洞察当地铁生产的整个过程的措施;爱运动的青年和孩子也被充分考虑,设置中有滑板公园、沙滩羽毛球场、沙滩排球场、街头足球场、山地自行车球场等,老厂房的空间也成为青少年聚会和交流的场所。

目前,杜伊斯堡北部景观公园是鲁尔工业地区复兴进程中的代表作。在这里,城市老旧工业区的价值得到了充分的展现,多元化的功能在这里得以共存,创造了真正的工业氛围,保持了工业遗产的原真性。游客可在远处漫步,欣赏这些历史建筑的氛围。同时依据需求,公园被植入现代和多功能的用途,包括季节性活动,如音乐会、电影、戏剧、体育等,为不同年龄和兴趣的群体提供多种活动的可能。当然,后期的营销策略也是值得关注的,通过媒体的关注,当前许多活动都在景观公园举行,其中不乏博览会、晚会或展览、产品发布会等重大活动,这里还是家庭游玩、青少年日常活动的空间,也是公园人气居高不下的原因之一。

三、法国加来海峡大区采矿盆地

法国加来海峡大区从18世纪初到20世纪90年代,是继德国的鲁尔地区之后的欧洲西北部最大的煤田,其作为一个主要煤田的定性特征就是完全在地下。这条煤田长120千米,宽12千米,深1.2千米。1720年,人们在这一地区发现一条蕴藏丰富的浅层煤矿后,原本荒无人烟之处因隆隆作响的采矿而显得"热闹非凡"。这一矿产资源的发现,促使法国北部加来海峡大区的工业经济不断发展。1900年,大约有85 000名矿工在矿区工作;1913年,增至13万名矿工。受第一次世界大战的影响,法国加来海峡大区采矿盆地有103个矿坑被毁。1930年,该地区达到了

3 500万吨的产量顶峰，占全国总产量的64%；后因第二次世界大战，开采一度受到影响。1968年，法国政府正式颁布法令要求关闭加来海峡大区的矿井，直到1990年12月21日，当地最后一处煤矿才被永久关闭。

法国加来海峡大区采矿盆地改变了历史景观，主要是农村呈现出持续发展的文化景观。其遗产组成形态丰富，数量大，完整性高，原真性强，普遍价值大；该遗址包括17个重要的坟墓和遗迹矿坑、21个斜坡、51个垃圾场、54千米的旧铁路、3个火车站、124个工人村、45所学校和娱乐设施、17个教堂和小教堂、21个医疗设施、3个采矿公司总部、4 000公顷的景观等。国际古迹遗址理事会在2012年将法国北部加来海峡大区采矿盆地作为文化景观列入世界遗产名录，被命名为"活的进化文化景观"。

法国加来海峡大区采矿盆地在后期的转型过程中，重点实施工业遗产环境的自我修复以及采矿工业生产链的展示工作。政府也陆续出台政策，保护已经与自然环境融合的矿渣堆和下沉湖，对破败的矿工居民区改造再利用，复原老矿场用作文化场地或者出租给商业机构。在矿区重镇兰斯创建卢浮宫兰斯分馆，把卢浮宫一部分藏品搬来此，一方面为矿区吸引游客；另一方面平衡法国各地观光旅游资源，避免文化资源过度集中。法国加来海峡大区采矿盆地2017年开始构建多方合作机制，举办一系列吸引广泛人群参加的社会教育活动，如青少年街头采访、"黑色非常适合你"集体庆祝、"采矿遗产"游客徒步探索、跨年龄段居民"丑小矿"故事绘制等，此举实现了以世界遗产教育增进社会包容性的目的。

四、美国纽约苏荷工业区

20世纪60年代，美国纽约苏荷工业区已然成为世界主要的艺术中心之一。这个曾经衰败的工业区，摇身一变成为一个时髦的社区。苏荷工业区街道上充满活力的艺术画廊、时尚精品店、高档餐厅等，苏荷因此恢复了往日的生机。1974年，《纽约》杂志的一篇文章称它是最令人兴奋的居住地。

苏荷工业区位于曼哈顿下城，是一个由四十三个街区组成的社区。社区以南为运河街，以北为休斯顿街。该地区的建筑以中高层铸铁阁楼建筑为主，这也是区别于其他社区最显著的特征。早在16世纪，曼哈顿到处都是山丘、溪流、草地、森林和沼泽。六个美洲印第安人村庄定居在这片土地上，而荷兰定居者则占领了曼哈顿的南端。到17世纪，苏荷地区为白安德家族的农场。经历美国独立战争后，白安德家族面临破产的危机，家族为抵债不得已拿出100公顷土地供市政建设使用，之后逐渐成为中产阶级的居住区。直到工业革命发生后，苏荷区因靠近哈德逊河码头，交通便利、廉价劳动力充足使其很快成为纽约的工业区。当时的铸铁厂、金属商店、玻璃制造商、纺织厂和乐器制造商都是苏荷区的主要工业。在生产中，人们发现铸铁制品由于成本低又可以大规模生产，法国第二王朝的建筑风格成为争相模仿的对象。19世纪末，铸铁工艺的建筑迅速替代了不断恶化的房屋。20世纪初，市政厅到西区的新地铁线路，第七大道第34街的宾州车站的建成，让苏荷区的工厂、商店因运输货物的需要而陆续搬出。特别是"二战"后，新制造技术的产生需要更大的水平建筑空间（苏荷区建筑为垂直、密集的空间形式）。因此，工业发展的橄榄枝无法向苏荷区抛出，建筑物的闲置情况进一步加剧，土地价值不断削弱。苦于无处居住、无处进行创作的艺术家们瞄准这一区域，在此处低调地生活和工作。20世纪60年代，曼哈顿岛东西向快速路的修建、洛克菲勒财团觊觎苏荷区的区位潜力、曼哈顿下城（苏荷区也包括在内）改造计划等因素的发酵，让苏荷区街区肌理遭到破坏和历史的割裂，苏荷区的艺术家们组成联盟抗击政府，利用政治资源和文化声誉上演了一场公关政变。直到20世纪70年代，他们说服城市规划委员会艺术家在苏荷区的居留身份合法化。1973年，苏荷区被认定为历史街区，土地价值、商业价值不断上涨，到20世纪80年代中期，苏荷区形成了以艺术品经营和展示为主，辅以餐饮业、旅游业、时装业、剧场、书籍报刊业等行业一体化的发展模式。

在苏荷工业区的改造中，为充分保留其文化氛围，当地政府规划部门与立法部门修改、制定了相关法律。一是承认居住合法化；二是开发商可以参与统一的招标改建；三是社区居民可以采用自筹的方式参与开发商的合作建设；四是改造中需要遵循"整旧如旧"的原则。苏荷区的艺术化变身是顺应市场发展的结果，也是旧工业区改造的一次成功探索，为纽约带来了新的文化价值效应。

五、加拿大格兰维尔岛

格兰维尔岛最初是福溪湾内的一个潮汐沙洲，很浅，而且到处都是流动的泥滩。1911年，保守党议员哈里·史蒂文斯建议在沙坝上修建一座岛屿，其中还包括疏浚进口以改善航行。1915年，一百万立方米的疏浚物被安置在木质舱壁内，形成了145 686.83平方米的岛屿。当时岛屿上的铁路、有轨电车和水路交通便利，这也使之成为温哥华的重工业基地之一。岛屿上聚集了大量的制造业、机械工业和材料加工业等。20世纪50年代，格兰维尔岛面临着环境污染、企业倒闭等问题，被废弃的工业用地越来越多地占据了岛屿。此时，温哥华向郊区化迈进，并提出了建设以汽车为中心的大型基础设施项目。新的格兰维尔大桥建成，它的南侧桥墩位于格兰维尔岛上，导致公共交通很难进入岛屿，区位优势逐渐消失。到了20世纪60年代，由于几起大的火灾事件，岛屿的供水、供电遇到阻碍，此时格兰维尔岛已成为工业废弃地。联邦议员罗恩·巴斯福德将更新格兰维尔岛作为一个项目，打造以哥本哈根的蒂沃利花园为原型的公共空间。在广泛收集民意调查时发现，大部分人倾向于改造成既有商业，又有住宅、文化、教育、展览、艺术的综合功能区。最终温哥华豪森·拜克事务所主持格兰维尔岛景观复兴项目，设计师提出"城市绿洲"的理念，结合综合功能区的需求，设计成吸引不同年龄、不同职业或是不同收入阶层群体的景点。

在建筑风格及特征上，格兰维尔岛采用了统一的建筑风格，在保留原有建筑形式的前提下，通过具有可识别性、独特性的建筑立面体现工业特色，以色彩区分建筑功能。如绿色代表娱乐、红色代表商业零售、黄色代表生产功能、蓝色代表具有水上活动功能等。建筑大多为两道三层，街道宽度与建筑高度的比例大于0.8，小于1.5，以便获得最佳垂直视角欣赏建筑。建筑底层被用作烘托活动氛围的灰空间，增添移动桌椅与小型植物，丰富空间层次。

在交通路网上除了保持原有的交通系统，还设置了独立行人交通系统与轮渡交通系统。格兰维尔岛毗邻河岸公园，拥有宜人的海滨环境和广阔的绿地。目前岛屿和南部城镇由一座人行桥连接，游客可以通过河岸公园的人行桥进入格兰维尔岛。小规模的行人路网，确保了岛屿空间的完整性，提高了岛屿功能的可达性，加强了商业功能、教育功能与娱乐功能之间的联系。同时，适当的路网规模和简洁的路线促进了人类活动的连续性，格兰维尔岛的空间氛围十分活跃。

在景观营造上主要保留原始工业部件，将路灯、商店招牌和工业管道结合；将废船和工业设备艺术处理后作为景观。格兰维尔岛拥有迷人的滨水景观，这也是其他工业废弃地无法比拟的。从岛屿封闭的道路空间，再到开敞的海岸景观，游客可以享受到空间变化的视觉效果。

岛屿业态上也是包罗万象，包括工厂、餐厅、旅馆、手工作坊、学校、剧院、市政等。格兰维尔岛上的商店及其他服务设施几乎包含了城市应用的所有基本功能。在保留的生产企业上，向公众展示工艺流程和产品。如海洋建筑公司，展示了"零排放""零污染"的水泥生产过程。

六、日本小樽运河

小樽运河位于日本北海道西南部港市——小樽市，曾是日本重要的交通枢纽和工业制造中心，以食品、金属加工、木材、机械等产业为主。城市三面环山，一面环海，地形多山且坡度较为陡峭，也被称为"坡城"。由于平地较少、纵深不足，城市发展空间受到很大限制。与其他工业城市一样，小樽市的发展从1873年在幌内发现煤炭开始。北海道最古老的铁道——手宫线铁道，为运输幌内煤矿而建设。明治二十九年（1896年），为了获得填海造陆的沙土，便于渡船的货物从海港直达仓库，历时九年修建完成小樽运河。运河全长1.3千米，宽度40米，是北海道唯一，也是最古老的一条运河。"二战"后，工业的快速发展、矿产的禁止开采、经济中心的转移、运输方式转变等原因，使小樽运河的运输优势逐渐消失。运河沿岸的仓库、商店开始没落，运河生态环境日益恶劣。正值日本轰轰烈烈的旧城改造运动浪潮，小樽市地方政府和企业界计划对小樽运河进行填埋，将沿岸建筑拆除来修建可以并行六辆车的宽阔公路。面对这一举动，一些市民认为运河体现小樽市的历史脉络，建筑承载着工业记忆，是文化的根、城市的魂。因此成立"小樽运河保存协会"，还形成了一场声势浩大的市民保护老运河的运动。在之后的几十年里，人们依然为了小樽运河的保存而做着努力。最终在1980年，地方政府听取多方意见，评估各项环节后，保留约为20米的运河宽度，散步道拓宽至5.5米，并相继制订了《小樽市历史性建筑物及景观地区保存条例》以及《发扬小樽历史暨自然之社区营造景观条例》等文件，从小樽运河的保护起步，覆盖全市景观区域，并细分为据点式景观兴城地区、重要眺望景观地区、历史性景观地区、新都市景观形成地区、港湾景观形成地区等加以详细规划。

在小樽运河改造中，最具特色的就是老旧建筑的更新改造。运河沿岸留有各式各样的建筑，西洋样式的银行、木构架的石造仓库群等类型。对其建筑外观完成修整与功能置换，形成浓郁欧式风情的休闲文化街、小樽运河食堂、小樽仓库No.1等各类餐饮、休闲设施。此外在宽5.5米、长1.12千米的石板散步道上，设有三座雕像、四个小型画廊，成为游客的拍照打卡地。小樽市民认为历史建筑物的再利用不仅是"供人参观"的，而是"充满活生生的生活感观光"，因此他们不仅全程参与运河的保护与改造，还悉心营造生活的家园。通过社区营造，以独到的眼光发掘地方资源，以积极思考的方式推动地方发展。可见，社区居民对工业历史的认识，对工业遗产的重视是城市旧工业区改造的无穷力量。

七、法国巴黎雪铁龙公园

法国巴黎南部塞纳河沿岸有一片 141 639.97 平方米的土地,这里曾经是雪铁龙公司的总部,也是雪铁龙公园的前身。雪铁龙工厂在此处制造重型设备,包括汽车;地块临近塞纳河,常用以停泊运输煤炭和金属等工业原料的货船,是水上航道的驳船点与货运繁忙处。日复一日的生产加工和货物往来,导致厂区空气弥漫着烟尘,向工厂运送原料的驳船污染了河流,工业污染严重。在 20 世纪 70 年代,应巴黎城市化战略要求以及产业发展的需求,雪铁龙厂区搬离此处,场地一片植物贫瘠、空气煤烟味重,生态环境恶劣的景象。为了应对该时期法国经济增长乏力、生态环境问题日趋突出的状况,在 1976 年修编的《法兰西之岛地区国土开发与城市规划指导纲要(1975—2000)》(简称 SDAURIF 规划)强调要重视对建成区的改造以及自然空间的保护,另外在城市化地区内部开辟更多公共绿色空间,以构建完整的城市绿色空间体系。雪铁龙公园是城市发展规划下的产物,也是政党斗争下的作品。左翼政党领袖的法国总统密特朗,为重建巴黎东北角的拉维莱特地区,下令开展拉维莱特公园的设计竞赛,且只邀请建筑师参赛;而法国右翼政党的代表巴黎市长希拉克,针对此次左翼政党举办的竞赛,提出了位于巴黎西南角的雪铁龙公园的设计竞赛,并邀请建筑和风景园林专业设计师共同参赛。雪铁龙公园设计竞赛的评委们因为无法在提交的两个概念之间做出选择,于是决定让两个获胜的团队合作完成公园方案。雪铁龙公园北部的设计是由景观师吉尔·克莱芒和建筑师博格完成,公园南部的设计是由景观师阿兰·普罗沃斯特和建筑师维吉尔及乔迪负责。

雪铁龙公园的设计区别于之前看到的旧工业区改造,虽然汽车厂址痕迹没有得到保留,但仍然不影响人们对工业时期的回忆和畅想。雪铁龙公园是巴黎现代城市公园的一个缩影,它巧妙地融合了法国传统宫殿花园和现代设计理念。公园设计既保留了欧洲园林几何式的布局特点，又使用抽象手法简化建筑形体，以确保建筑与景观要素的统一性。

公园的中心位置是矩形草坪，草坪被一圈水渠包围。一条从东北到西南的对角线看似将公园一分为二，实则几乎连接公园所有景点，包括黑色花园、白色花园、中心草坪、运动花园等。草坪南端有两座由悬挂式玻璃墙和木框架建造的温室，象征着雪铁龙公园的宫殿。一个温室是为轮流展览和临时活动保留的；另一个温室是种植热带植物的。连接两座温室的是互动喷泉，白色花园位于互动喷泉的东南向，种植开白花的多种李属植物，其中还设有儿童游乐场。与之相对的黑色花园，则种植深色叶子和花朵的植物，如鸢尾、黑郁金香和紫衫等。黑色花园空旷、宁静，适合需要独立、安静空间的人们。主题花园共六个，位于中心草坪东侧。吉尔·克莱芒的设计意图是让游客的各类感官参与到公园体验中来，包括嗅觉、视觉、触觉、味觉、听觉和第六感直觉。每一个花园都被细小的水渠隔开，沿着坡道向上到达与花园匹配的六个主题温室，种植不同类型的植物。主题花园对面是由抛光花岗岩制成的30英尺高的矩形结构，它们是公园建筑主题的纪念碑，确保草坪和周围区域的布局对称。穿过混凝土楼梯形成的瀑布状水景，就能到达运动花园。区别于几何平面、精心修建的绿篱、细致搭配植物的其他公园区域，这里的植物生长得随心所欲，从不修剪，富有野趣。吉尔·克莱芒说植物可以决定自己长在哪里以及如何生长，植物的自由生长是对循环空间和植被的永久性刺激，因为运动本就生生不息。

第二节　国外旧工业区更新改造实践分析

国外旧工业区更新改造时间较早，虽然与我国国情不同，但是通过实践为当地的旧工业区的改变带来了真切的效果。一是国家与民众对旧工业区的重视程度不断加强，对工业遗产的认识不断加深；二是旧工业区的环境得到整治和提升，重塑地区竞争力和吸引力；三是实现了旧工业区从经济衰退到经济复苏的变化。因此，剖析上文提及的七个案例（见表3-1），并总结经验教训，对于六盘水的旧工业区更新与改造具有重要的借鉴意义。

表3-1 国外旧工业区更新改造实践分析汇总表

名称	始建年代	更新改造重点	借鉴点
英国铁桥峡谷	1779年	1. 利用博物馆再现当时生活生产环境，反映与工业有关的历史内容 2. 对旧工业区工业遗产实施保护，在整体设计上做到区别于其他的工业旅游类型 3. 加强旅游配套设施联系，提供有效旅游链	1. 颁布相关历史保护法规，强化旧工业区保护意识 2. 建立专门工作机构，保障更新改造工作效率 3. 公私合作，提供资金 4. 公众参与，提高更新改造效果 5. 科学合理实施生态修复，改善旧工业区环境 6. 紧跟市场需求，实现持续、活化的更新改造状态

续表

名称	始建年代	更新改造重点	借鉴点
杜伊斯堡北部景观公园	19世纪50年代后	1.利用场地原有工业遗存 2.工业设施结合各自特点，赋予新的功能 3.生态修复 4.提供人群聚集的活动及设施	1.颁布相关历史保护法规，强化旧工业区保护意识 2.建立专门工作机构，保障更新改造工作效率 3.公私合作，提供资金 4.公众参与，提高更新改造效果 5.科学合理实施生态修复，改善旧工业区环境 6.紧跟市场需求，实现持续、活化的更新改造状态
法国加来海峡大区采矿盆地	18世纪初	1.重视旧工业区遗产现状的梳理和调查 2.完成对采矿盆地的居民区的改造 3.生态修复 4.还原采矿工业生产链的工作展示	
美国纽约苏荷工业区	18世纪60年代后	1.充分保留文化氛围 2.遵循"整旧如旧"的原则 3.让社区居民参与到更新改造中	
加拿大格兰维尔岛	1915年	1.更新改造工作广泛收集民意 2.统一的建筑风格，设计适宜的街道空间 3.交通系统的有效串联 4.利用本身具有的海岸景观优势 5.多元化的业态	

续表

名称	始建年代	更新改造重点	借鉴点
日本小樽运河	1896年	1. 老旧建筑修整与功能置换 2. 民众全程参与运河的保护与改造 3. 政府听取多方意见制定有关规划	1. 颁布相关历史保护法规，强化旧工业区保护意识 2. 建立专门工作机构，保障更新改造工作效率 3. 公私合作，提供资金 4. 公众参与，提高更新改造效果 5. 科学合理实施生态修复，改善旧工业区环境 6. 紧跟市场需求，实现持续、活化的更新改造状态
法国巴黎雪铁龙公园	19世纪80年代前	1. 保护自然空间，增设公共绿色空间 2. 公开招标设计方案，获取更好的更新改造效果 3. 延续欧洲园林布局特点，强调建筑与景观要素的统一	

第四章 国内旧工业区更新改造实践

第四章 国内旧工业区更新改造实践

我国在20世纪末开展了大规模的旧城改造，根据在全国旧城改造经验交流会上提出的旧城改造应包括更新城市工业区和其他大规模的劳动场所。上海率先对旧工业区进行调查和保护性更新改造，随后北京、广州、重庆、贵阳等地也对此做了很多探索，不同程度地对旧工业区实施了成片的开发或局部的改造。国内旧工业区更新改造起步虽晚，但是仍然涌现出了大量的更新改造实践案例。

第一节 国内旧工业区更新改造实践案例

一、北京798艺术区

北京798艺术区，如图4-1所示，位于北京市朝阳区东北部大山子地区酒仙桥路2-4号，前身是华北无线电器材联合厂划分为第四工业机械部的798工厂分厂。20世纪90年代后，由于国企深化改革将五个分厂（797厂、718厂、798厂、706厂、707厂）合并为北京七星集团，在20世纪初期经过功能的转型发展成为国内最大、最成熟的文化创意产业集聚区。

（一）历史背景

1951年10月，时任政务院总理的周恩来同志同意在北京建立华北无线电器材联合厂，厂址选定在东直门外王爷坟（现大山子），占地面积640 000平方米。1953年改名为"718联合厂"，包括718厂、798厂、706厂、707厂、797厂、751厂和11研究所，原厂名"华北无线电器材联合厂"为第二厂名。718联合厂是前民主德国与中国合作的巨型建设和经营项目，通过贸易互换，引进了当时德国先进的专利发明和专有工艺技术，主要产品涵盖十四大类的通用电子基础元件产品，我国第一颗原子弹和人造卫星中的部分关键元件、重要零部件就诞生于此。718

联合厂的建成，标志着我国电子工业的现代化转变。

1964年4月，718联合厂建制撤销，联合厂解体为六个分厂（797厂、718厂、798厂、706厂、751厂、707厂）。20世纪90年代后，国企改革深化，北京城市文化定位和改革开放后人民生活方式的转变，加之全球化经济的冲击，传统的制造业已无法适应时代的步伐，生产的产品与社会需求脱钩，导致本世纪初工厂逐渐陷入困境，处于停产、半停产状态。职工人数由两万多人缩减至不足四千人，大批工人下岗、分流，大部分厂房长期闲置。2000年12月，将原国营六家分厂进行单位整合重组，成立了"七星集团"。

（二）改造契机与更新表现

1. 艺术家入驻

产销模式的变化导致工厂产品销路变窄，工厂闲置。1995年，中央美术学院隋建国教授租用798厂区近3 000平方米的建筑空间进行雕塑创作。798厂区建筑是典型的德国包豪斯风格，简练质朴、注重功能适用性。巨大的现浇架构获得宽敞、挑高的空间，空间内部讲求明亮，自然采光的通透性，建筑质量符合德国惯有的高标准，抗震强度八级以上，厂区建筑整体富有原始工业气息。此外，低廉的价格（当时租金一天0.3元/平方米），吸引了艺术家更多的关注，纷纷租用厂房进行艺术创作。2002年，美国罗伯特在798厂区创建东八时区艺术书店，798厂区也越来越受到国际艺术家的青睐。

2. 功能转换

2002年是798工业厂区转型艺术区的转折之年，自美国的罗伯特进驻798后，徐勇创办的时态空间艺术画廊、二万五千里文化传播中心、东京艺术工程等机构和画廊也相继入驻。2006年，尤伦斯当代艺术中心进入798厂区后，标志着798已由艺术家聚集区域转变为高度市场化、商业化的热点区域。随之而来的各种服务业、文化娱乐业让798厂区的艺术化、商业化氛围日渐浓厚。同年，798艺术区被列为北京市政府首批十个文化创意产业集聚区之一。次年，798近现代建筑群（原798工厂）被列入北京市第一批《优秀近现代遗产建筑保护名录》。从工业生产功能到艺术家集聚区，再由艺术家集聚区到艺术机构和画廊集群的转变，以及到如今的艺术品公共展示和交易服务平台，798早已不是工厂的编号，而是成为北京一张独特的城市文化名片，也成为中国工业遗产转型到艺术文化创意园区的探索奇迹，如图4-1所示。

图4-1 北京798艺术区入口

3. 建筑、景观改造

798建筑群在2007年时被列入北京市第一批《优秀近现代遗产建筑保护名录》，其中要求所在名录中的工业遗产建筑不得拆除，应做到建筑整体结构和式样的原状保留；并对具有特殊意义的设施设备和不可移动的建、构筑物及地点进行原址保留。建筑遗产的保护和利用是相对的，新功能、新用途要尊重原有结构，要在安全稳定的前提下进行合理修缮。建筑立面和顶面在保留主要特征的基础上进行适当的改造，使工业遗产既发挥现代化的耀眼光彩，又能留有工业历史的岁月气息。

798园区内建筑基本保持了原有的建筑风貌，对结构的稳定性稍做改善，在建筑立面多采用彩绘、木材、玻璃、红砖、钢制框架进行特色立面的设计，如图 4-2 所示。在建筑内部根据不同的使用功能空间进行重新划分，增加新的功能模块，采用冲突对立的材质、颜色，以此提供不同的空间环境，饱含粗犷原始的工业风，又不失细腻清新的后现代审美意识，达到了新旧审美理念的完美融合。在景观设计方面，798 充分体现了物尽其用的原则，将废弃工业设施、设备、构筑物进行保留，如烟囱、吊车、管道、各类型吊机等，并对其加以创意设计，发挥独特的景观效果，如图 4-3 所示。

图 4-2　北京 798 艺术区部分建筑改造效果

图 4-3　北京 798 艺术区部分景观改造效果

二、广东中山岐江公园

广东中山岐江公园是由北京土人景观规划设计研究所和北京大学景观规划设计中心联合设计,是中国首个城市公园与工业用地结合的成功案例。项目建成后斩获国内外多个大奖,并在2009年获得国际城市土地学会(urban land Institute,简称 ULI)年度亚太区杰出荣誉大奖。该项目前身是粤中造船厂,位于广东省中山市,中山一路与西堤路交叉口附近,总占地面积11公顷,其中水面面积约3.611公顷,建筑面积3 000平方米。广东中山岐江公园在充分保留历史与岁月积淀的前提下,尊重场所精神,合理利用产业旧址及构筑物和船厂机器设备,结合现代生活需求,采用艺术化、生态化的手段对场地实施空间上、功能上、精神上的再生,传达给造访者深刻的历史记忆、城市文化思想和生态建设理念。

(一)历史背景

广东中山在1949年以前的工业水平才是刚起步的状态,全市仅有一个发电厂和一个砖厂。1949年后,广东自身有着得天独厚的海洋资源,广东省政府决定建设粤东船厂(汕头)、粤西船厂(阳江)、海南船厂(文昌)、广西船厂(北海)和粤中船厂(中山)。在当时,广西和海南两地还属于广东管辖范围,而粤中船厂选在中山,主要是考虑到当时造船业在该地具有良好基础,岐江的上游分布多间以修理为主的船厂,其优良的地理位置也为辐射港澳地区有着积极的作用。因此,在省政府和地方政府的大力支持下,1954年7月1日位于中山的粤中船厂建成投产。

在船厂建成初期,主要以造木质海洋渔船为主;19世纪60年代,粤中船厂建造了广东省第一艘铁质机动客轮——"红玉号"(后改称"红星轮");此后,船厂主要建造钢质内河、沿海运输船舶及后来的专门往返港澳出口物资的运输船;在抗美援越时期,澳门航行港澳线中第一艘钢质货柜船以及从中山到广州的五个汽车轮渡全是"粤中制造"的,由此可见,粤中船厂当时的金属加工能力和机械制造能力为广东省中山市工业发展的先导者，一改中山市工业空白的面貌。在粤中船厂辉煌全盛时期，拥有1 500多名职工，8个室内造船车间。而在20世纪80年代，国家大兴修建铁路、公路，陆路运输不断发展，水路运输受到一定的冲击；此外，船厂技术骨干的跳槽和自主创业，导致粤中造船厂规模锐减。20世纪90年代，粤中造船厂启动异地搬迁计划，由于1999年开始，用船厂效益连年亏损，粤中造船厂停产关闭。至此，粤中造船厂退出了中山市工业历史的大舞台。同年，广东省中山市政府高瞻远瞩，投资九千万余元，将船厂旧址改造成集工业历史文化再现，现代生态城市文明恢复和市民休闲娱乐科普于一体的城市公园。

（二）场地遗存

设计单位在接到中山市政府的委托后，便对粤中造船厂内的遗留物进行了整理，不仅保留了大量的自然资源，还存有不同时期的人文资源，如生产性厂房和设备等。自然资源：场地中内湖与岐江河相连，同时场地里还留有大量的，具有较强适应性的植物群落和植株高大的榕树和蒲桃等，自然环境非常优越；此外，不同结构的两座船坞、砖瓦厂房、废弃轮船、两座水塔、红砖烟囱、机床、铁轨、体积较大的变压器和龙门吊等人文资源为船厂的改造设计提供了物质基础，也是保有强烈场所精神和烘托历史氛围的重要景观元素。

（三）更新与改造手法

岐江公园在对场地遗存进行测量、标号、记录后，探讨了保留的可能性，实现了自然元素的保留、构筑物的保留及机械设备的保留，以期还原工业时期的记忆。而且结合现代人的使用习惯、功能需求及审美取向进行了适当的改变，通过"增与减"的设计，对场地遗存进行再利用，不仅还原历史景象，还提升岐江公园的景观内涵。

1. 保留设计

在项目设计上，团队将西方环境主义融合生态恢复目标，实现城市更新思路，将场地中最能体现场所精神和工业历史的遗存最大限度地保留下来。对场地内湖及部分驳岸形式进行了保留,数十棵古榕树也保留成为榕树岛,并开设支渠,满足水利防洪需求;钢结构和水泥框架船坞原地保留,形成特色景观小品;红砖烟囱和水塔、体积庞大的龙门吊和变压器,经过现代化的景观处理手段,也形成了独特的场地景观元素。

2. 更新改造表现

(1)船坞。设计人员认为对场地遗存的再利用是为了将造访者与场地连接起来,并实现粤中造船厂的历史价值。在保留两个船坞的同时,根据公园职能定位及需求。西部船坞增加了游船码头和公共服务设施,内湖游船码头和亲水场地,保留原始结构,刷红白颜色油漆翻新,并将船坞中间打通相连,形成公共空间;东部船坞进行了功能置换,成为中山市历史上第一个美术馆,具备收藏、展示、游览、科普教育和交流等功能。该美术馆为岐江公园的主体建筑,共2层,建筑面积达2 500平方米,采用工业元素设计手法,保留钢结构形式,在外墙立柱上涂刷柠檬黄色油漆,上架铁青色工字钢架,并在其中镶嵌透明的大幅落地玻璃,使整个建筑既充满工业气息,又不失时尚审美元素。

(2)铁轨。铁轨在粤中造船厂中具有重要作用,承担着新船下水、旧船上岸的功能,这也成为造船厂的标志性景观元素。在变身为岐江公园后,铁轨成为横穿场地的交通路网,园内园外以之相连。此外,铁轨结合植物绿化、工业雕塑、景观小品产生不断的变化,一方面可使造访者体验交通跨越的乐趣,另一方面其也是与历史沟通的桥梁,仿佛能从铁轨进入别样的时空。

(3)水塔。在原厂址中保留了两座水塔,设计者对它们的再利用手段是截然不相同的。骨骼水塔使用了"减法",琥珀水塔采用了"加法",二者想要表达的场所精神是一致的。骨骼水塔的呈现是将原水塔水泥外衣剥除,想要展现内部的钢筋结构和固定节点,展露其最本质的一面。由于施工过程中,原水塔结构存在安全隐患,因此最终按照原尺寸重新使用红色钢材设计制作完成。琥珀水塔的设计构思期望实现历史片段的永恒,如同琥珀一般可将物质凝固其中,日后也能对历史进行瞻仰。对原水塔进行稳定性修复，并在外部设计一座玻璃盒子将其包裹，新旧物体产生对话。琥珀水塔顶部利用太阳能发光，在夜晚时分，水塔内部的灯光仿佛是岐江湖畔的灯塔，具有指引航线的意义；利用日照动能，将地下冷风抽出来降低玻璃盒子内部温度，而空气的对流为两侧的时钟变化提供动力。

（4）生产设备及部件。场地中的龙门吊、变压器、烟囱、压轧机、切割机、牵引机及相关部件的再利用是通过景观装置的语言去实现的，与场地结合紧密。大量的机械设备将主要机体部分进行保留，置入场所中。例如，广场中的龙门吊下，放置情景雕塑与之呼应，让人们仿佛进入当时生产的工作环境中，与时空产生对话。其他一些机器部件进行粉刷修饰后，有的置于绿草地中，有的置于铁轨或水边，成为互动性较强的景观小品。

（5）植物群落。粤中造船厂停产关闭后，在厂区内部还保留有大量的大叶榕和棕榈科植物，现已成为岐江公园的基调树种，十几棵古榕树也成为蓄水固堤的自然驳岸资源。在后期植物景观设计中，以乡土植物群落为主，还大量地使用了野草，如白茅、橡草和田根草等。通过富有设计感的人工环境与自然气息浓厚的乡土野草之间产生对比，传达一种自然生态与人工环境和谐相处的设计思维。

三、上海辰山植物园矿坑花园

煤矿废弃地是我国矿业废弃地的重要组成部分，随着我国对矿山废弃地环境治理、生态恢复的日益重视，通过对场地实施更新、改造与再利用等手段，以期获得这类型土地的社会、经济、生态效益。上海辰山植物园矿坑花园前身位于上海松江西北郊辰花路。在20世纪90年代停采的辰山采石坑，2007年由清华大学朱育帆教授团队设计，2010年项目建成。在项目设计中，尊重采石坑残留信息与场地形象，回应场地现有形态，延续现有植物、景观、历史资源，采用"最小干预"设计方法，对采石坑进行系统性改造，现有资源再利用，使新功能与旧状态彼此适应，达到场地再生和景观重塑的目的。

(一) 历史背景

辰山位于上海松江区"松郡九峰"中段，海拔71.4米。在明代董其昌的相关记载中写道"在诸山之东南，次于辰位"故名"辰山"，一些文学、书法、诗坛大家也曾在此活动。在明代陈君廷壁列辰山"八景"和清嘉庆年间所修《松江府志》中增添两处景点，共有"辰山十景"。例如，"有石洞，窈而深，云出其中"以之为"洞口春云"，犹如"有石井，源深，色莹，大旱不竭"以之为"丹井灵源"等。经勘探，辰山蕴藏大量城市建设所需石料，在1905年，开始对辰山进行采石工作；中华人民共和国成立后，设立辰山采石场。至此，东西五个塘口全面动工，当时辰山年产石料25万余吨；20世纪50年代前后，辰山采石场开采规模巨大；直到2000年，政府关闭采石场，辰山的采石历史就此终止。近百年的采石历史，辰山山体环境破坏严重，留有东西两个采石坑遗址。其中，东区采石坑遗址的山体被削去半壁；西侧采石场在山地开采完后，又向下纵深挖掘达60米左右，形成了一处险峻的矿坑深潭。随着社会对城市生态环境的重视，从采石场关闭到2004年间，上海市及松江区不断对辰山采石坑进行维护避险工程治理。借2010年上海举办世界博览会的契机，实现了对辰山采石坑遗址的景观改造和生态修复等一系列目标。

(二) 设计思想

在辰山植物园矿坑花园中，采石坑历经时间洗礼呈现如今面貌，得益于设计师在构思过程中与场地不断进行"对话交流"，思考如何实现矿坑遗址面貌的生态修复，如何整合复杂、破碎的矿坑环境，如何构建能引发造访者情感共鸣的景观。在方案中，不仅对原有地形地貌进行保留，营造"浸入式"山水体验，还引入极具东方隐逸思想的"桃花源"意境，对场地进行大胆创新，充分挖掘辰山采石坑遗址潜力，建立了场地和景观的连接，让几乎被破坏殆尽的辰山采石场成功转变成为城市居民体验自然山水、追寻采石工业文化的游览胜地，如图4-4所示。

图 4-4 上海辰山植物园优良的生态环境

（三）场地保护表现

该项目设计中，充分体现了对场地面貌的尊重和对场地逻辑的顺从。在矿坑遗址的基础上，进行场地地势的保留，并以最小干预原则为前提，对项目场地进行小幅度改造。通过对场地复杂地表形态的梳理，将其劣势化为形成景观多样性的优势，营造不同类型的环境，来替代改造，为各类植物的生长提供适宜的环境条件。在公园的平湖区，由于地势平坦空旷，在东南西北四个方位增加不同维度的景观层次，增设与山崖轮廓同型的曲线型镜面水池，改善空旷之态，以此形成"辰山十景"中的"镜湖情月"一景。为顺应场地表象，保持场地原真性，采石坑遗址的台地区为现辰山植物园矿坑花园的岩石植物展示区，展现植物的不同属性及特质；原纵深60米的矿坑一侧修建依山栈道，形成临渊惊险景观之感；对裸露在外的山体崖壁进行保留，增加山瀑，既感受到采石工业对山体的破坏，又能使崖壁在雨水浸润、阳光照射下进行自我修复。

(四)项目的景观重塑

整个矿坑花园被设计者依据原有地形地貌特征,有意识地分成了三个区域,分别是平湖区、台地区和深潭区。每个区域在充分理解场所特征后,分别进行了风格统一而又具有多样性的景观设计,将造访者引入其营造的具有工业氛围,又不失自然风光的独特空间体验,并引发造访者对人与自然关系的思考。

1. 平湖区

平湖区位于辰山植物园矿坑花园的西北方向,北邻台地区,东接深潭区,且地势平坦、视野开阔,如图4-5所示。设计者以"镜湖晴月"点景,设计一近似椭圆形的镜面溢水池于平湖区中心位置,使得四周景色倒影湖中,活跃了景观氛围。镜面溢水池驳岸使用大小不一的石块与草地、道路相连,岸边种植水生植物,并布置了一定数量的小型花镜,使整个空间让人有心旷神怡之感。

图4-5 平湖区景观

2. 台地区

台地区与平湖区相邻,该区域景观设计丰富,包含弧形坡道、云梯、锈钢板百叶墙、锈钢板景墙、"洞口春云"水塔、秘园、"甘白山泉"等景观,以岩石植物展示为主。将原本笨重、单一的挡土墙,通过转置重构,形成了多层次的界面,如山壁、毛石墙、锈钢板百叶墙、锈钢板景墙,都强化了空间的横向联系。同时,设计者开辟多条上行路径,使竖向与横向形成有机连接。"甘白山泉"景观中，人为设置旋转楼梯，增添趣味性；锈钢板景墙实质为一块粗糙、原生态的、就势切割的钢板，但是身处粗犷的山体之中，犹如天生。

3. 深潭区

该区域的景观体验是既能感受惊险刺激，又能享受片刻宁静，如图 4-6 所示。进入深潭区，首先会经过具有倾倒之势的钢桶，回过神来又进入了半封闭，且依山壁而建的栈道，裸露的岩石伸手可触；行至山体底部的裂缝——"一线天"，踏上长达 175 米的水面浮桥之路，凌空水面去体会山石的历史感和力量感，以及"飞流直下三千尺"的瀑布景观。在深潭区底部，可以更直接地感受景观设计带来的视觉冲击，最后进入山洞，融入矿山之中，到达东矿坑后则得到一番怡人自得之感。

图 4-6　深潭区景观效果

四、贵阳 1958 文化创意园

贵阳 1958 文化创意园位于贵州省贵阳市南明区，毗邻黔文化交流中心湖畔，与节庆街相连，场地充满贵州本土文化气息。创意园前身是 1958 年建造的贵阳龙洞堡生物制药厂，保留了原土霉素生产车间建筑十栋（占地 30 亩），其尊重工厂历史，保留厂区风貌，并新建同样厂房风格建筑 40 000 平方米，传承工厂历史文化，打造集艺术、休闲、生活、文化于一体的后工业时代贵州本土创意园区。

（一）园区设计构思

整个园区引入"1958 梦幻之旅"的创意理念，以 1958 年的贵阳龙洞堡生物制药厂土霉素生产车间建筑及保留的工业设备为载体进行演出创作，为全球首创近景互动式的体验演绎，以期实现"观演相融、移步换景"的流动式体验的新实景演出。整个园区共有 10 个固定表演场所，沿着主要参观流线进行分布，在近 17 000 平方米的超大空间内上演贵州山水与近景魔术、柔术杂技、水下表演、空中歌舞等元素融合的跨界表演。通过绚烂灯光、精致舞美、民族音乐、工业场景的相互配合，为造访者带来一台极具时尚、韵味、艺术、文化的饕餮盛宴，使其成为充满人文气息和艺术魅力的城市文化公共展示平台。

（二）园区整体布局

贵阳 1958 文化创意园总占地面积 56 125 平方米，共有南北两个出入口；建筑面积共 100 890 平方米，主要建筑 16 栋，部分建筑为苏德风格，新老建筑风格统一。园区设计遵循有机更新原则，既要保护原有工业历史的传承，又要实现对旧工业区的改造，与城市发展接轨。在园区内与跨界演出相配套的有音乐酒吧、时尚餐饮、休憩水吧、活力广场等休闲设施，使造访者在欣赏演出后还能体验现代的城市生活。目前，在贵阳 1958 文化创意园内，除了上述设施外，贵州橡树文化生活馆、中国影像服务联盟、1958 文化展厅、艺术表演培训学校等其他机构及功能的置入，完善了整个园区服务和体验功能。

（三）景观小品设计

园区随处可见经巧妙加工的景观小品，兼具实用性与趣味性，如图 4-7 所示。在园区表演的配套房屋立面上，出现若干个"机械人"。它们有跑有坐，你追我赶，憨态可掬，定睛一看原来是为配合演出的灯光设施。材质上不仅把握了工业性的特征，功能也具有现实意义。此外，园区其他景观小品以"机械人"为设计元素，对其造型进行了改造，创造了"钢铁蜘蛛人""直立机械人""水母机械人"等，不仅活跃了园区环境气氛，还进一步深化了工业特色。

图4-7 贵阳1958文化创意园局部景观小品设计

此外，对工业遗存进行了二次创作。小型油罐通过彩绘变身潜水艇，让人想要一探究竟。大型油管重新粉刷后，以卡通人物形象出现在造访者眼前，趣味的冲突感自然产生。原有的管道设施构建成为固定表演点，经设计师的重组，形成一段回忆廊架，可登高望远，也可深入其中，让人不由产生返回过去的错觉。在另一处生产设备中，充分利用其造型特点改造成表演的舞台，新旧时空不断转换，历史与艺术不再是遥不可触的奢侈品，所有的造访者都能享有沉浸式体验。

（四）建筑立面设计

园区建筑风格质朴，苏德建筑特色明显，以红色砖房为主。建筑立面多出现彩色墙绘，题材多样，其中不乏革命任务、贵州本土元素以及中国重大事件等有关的图案，如图4-8所示。建筑入口设计也是一大亮点，夸张的管道向外衍生，好似喇叭歌颂着社会主义的喜人面貌；通过改变生产设备的比例，又让人置身时光隧道之中，重走贵阳工业发展道路；置换原有门组织框架，采用原始钢门构件，结合简易门头设计，简约而又不失大气的建筑气息散发开来。

图4-8 贵阳1958文化创意园建筑立面改造

五、昆明春雨937工业遗产文化街

该项目原为云南冶金新立钛业有限公司老厂区，现位于昆明市西山区春雨路。昆明春雨937工业遗产文化街（以下简称春雨937）在老厂区的基础上修缮、恢复历史信息，并依照现有厂房的布局和建筑情况，进行合理的道路和环境景观的升级改造；对建筑进行安全评估，有针对性地维修、恢复、提升，通过合理利用让老厂房迸发新的创意和用途。街区占地约为200亩，旨在打造西山区首个以工业遗产为主题的文创街区，主要为凸显云南工业历史、民族特色、创意科技、休闲娱乐、康体文化的街区主题，也成为昆明市西山区马街片区首个休闲娱乐综合体。

（一）园区整体布局

春雨937以工业文化为主题，在保留完整的老建筑、老厂房的基础上进行修缮加固，汇聚传统市井文化及集市文化，形成多功能、复合型的时尚文化主题街区；涵盖文化空间、手工艺品、摄影艺术、古文玩、书画艺术等体验类项目等主力消费业态，形成丰富的文化产业链，将其定位为"工业遗产""创意集市""市井商业""文化街区"等。目前云南特色石木陶工艺街区、滇缅公路历史博物馆、昆明特色餐饮休闲街区、传统手工艺创意文化街区、冶金工艺文化展示中心正逐步开放。

（二）滇缅公路历史博物馆

该博物馆是南侨机工学会与春雨937文化园区协作完成的文创项目，利用厂区3层楼的建筑改造完成，通过对马来西亚、新加坡等多个地区实地调研，积累丰富史料进行设计的，以滇西抗战为题材的体验式历史文化馆，如图4-9所示。建筑外部搭建惠通桥还原历史场景，建筑共三层，一层展厅有老昆明市貌、滇军出征、滇缅公路筑路场景的史料播放；沿楼道是滇缅公路沿线遗址图片及滇缅公路最险路段"老虎嘴"场景；二层内呈现云南各族民众筑路的艰苦场景，南侨机工回国抗战，飞虎队来华支援，滇西康张大捷及西南联大等场景；三层为综合体验区，包括南侨机工书画展览及时光剧场，再现历史剧目，缅怀先辈，传承精神。

图4-9 滇缅公路历史博物馆

六、北京首钢工业遗址公园

北京首钢工业遗址公园位于北京市石景山区，邻近永定河，长安街西向延长线的尽端点。该园区目前保存国内最完整、面积最大的钢铁工业生产区。原北部厂区还保留了建厂初期的格局，留有大量工业遗存，其中包括高炉、焦炉、煤气罐、料仓等，如图 4-10 所示。此外，首钢工业区的旧建筑物和构筑物的遗留也让这片土地的历史保护价值不断提升，成了爱好朋克的年轻人和追忆工业历史的市民的拍照打卡胜地。

图 4-10 北京首钢部分工业遗存

（一）历史背景

在 1919—1937 年，官商合营的龙烟铁矿公司成立，并开工建设了 1 号高炉设备，后又将其改组，建设 2 号高炉设备。1938—1945 年，再次改组，下属于华北兴中公司的"石景山制铁所"；1938 年 11 月，高炉投产出铁，此后石景山制铁所成为华北的炼厂基地。1945—1967 年，1945 年，石景山炼厂改组为国有企业；1948 年，其炼厂改名为石景山钢铁厂并恢复生产；在 1958 年改组为石景山钢铁公司；1962 年建成第一座氧气顶吹转炉；1967 年更名为首都钢铁公司。1968—2011 年，首钢主动申请扩大企业权限试点，成为我国第一批国家经济体制改革的八家试点单位之一；1994 年，首钢产量扩大至 824 万吨，钢铁产量位列全国第一；1996 年成立首钢集团再到 1999 年首钢上市，首钢再次迎来了新的发展篇章。首钢建设与《北京市城市总体规划（2004—2020年）》中的城市性质定位相冲突，2005年，搬迁调整正式启动，同年6月5日高炉熄火；2010年12月，首钢老厂区最后一炉钢举行告别仪式；2011年，首钢石景山厂区全面停产，首钢长达91年的钢铁生产历史画上了句号。2012年从《新首钢高端产业综合服务区控制性详细规划》到2016年2月北京冬奥组委会首批工作人员入驻首钢的西十筒办公区，标志着首钢进行工业遗产改造的成功尝试。2017年12月，首钢成为北京市唯一一家国有企业深化改革试点单位，未来首钢将探寻出新的发展模式去面对和适应目前城市的现实需求。如今，国家冬季奥运会项目入驻首钢，冰球馆、滑雪大跳台已建设完成，在2022年冬奥会时投入并已使用。

（二）保护与再利用表现

1. 西十筒仓

西十筒仓是首钢炼铁原料区的工业遗存，现为2022年冬奥会办公园区。在此办公区的打造中，再利用了六座筒仓和一座料仓，筒仓直径大约22米，总高约27米。在改造中，首先对原有建筑结构进行修缮和保护；其次，为了新空间的加入进行加层，在原有的筒壁上植入了新的钢结构框架体系，使其新旧两种结构进行有效的连接（钢框架—钢筋混凝土筒体剪力墙结构）。具体做法是在原筒仓壁内侧加设钢筋混凝土壁柱（250 mm×400 mm），可传递筒仓上方的荷载；壁柱上预留埋件与钢梁衔接，壁柱间设钢筋混凝土环梁，增加结构的稳定性；筒仓内部新增楼板沿筒壁与环梁和筒壁植筋连接，保证新旧结构的连接性和稳定性。

筒仓立面没有进行过多的处理，色彩、材质与原来并无二致，只是为了保证筒仓内部的良好采光，在筒壁上进行钻孔（圆形、方形），形状有大小、孔洞有虚实的变化，也增加了原有厚重体量的轻盈感。钻孔遗留下的混凝土被用作创造室外装饰性座椅，进行二次利用。筒仓内部结构也有所保留，在1号、2号筒仓内还留有1/4的筒壁，5号、6号筒仓的洞口、玻璃幕墙、室内装饰都与圆形钻孔产生呼应，在色彩、材质上与原有的混凝土质朴风格产生对立；空间使用上打破原有空间的局限性，独立的办公室位于四角，靠近钻孔位置，提供光源，圆心的位置以小型会议室或展览等多功能空间为主，实现空间的充分利用。

在景观设计方面，对区域内的工业遗存进行最大化利用，铁轨、皮带运输走廊结合料仓实现线性景观的打造；园区道路铺装利用建设过程中混凝土二次加工，将其打碎，再采用废混凝土再生无机材料，实现废弃物排放量减少，落实可持续发展的建设理念；增加垂直绿化，丰富植物景观体系，营造绿色生命力。

2. 首钢三高炉博物馆

该博物馆位于首钢工业遗址公园西北部，是炼铁设备密集、工业特征鲜明、空间震撼感强烈的区域。首钢三高炉博物馆的成功改造，也让尘封已久的钢铁巨兽再次嘶吼，向世界证明它的魅力。高炉直径原本为80米，是由四梁八柱承托而起的环形铸铁厂，最高点标高处可达105米。博物馆利用高炉内一、二层布置博物馆，对北侧工业构筑物进行保留，拆除高炉西侧三层的主控室，建成了三座附属功能厅（临时展厅、学术报告厅、纪念品销售及餐饮厅）。丘陵式的地景建筑，与西高东低的场地形成呼应。在平均深度为4.5米的秀池（原冷却凉水池）底下，设计了面积为2 000平方米的环形水下展厅，这是对场地创新的一次挑战，不仅为现代艺术提供了展示的舞台，也为工业历史参观者提供了不同的观察角度，即在水下展厅中可远眺3号高炉。参观者面对首钢三高炉博物馆中最原始、最直观的工业展品——高炉本体，无不进入曾经鸣声轰隆的时空中，去感受工业遗存赋予的时光记忆。通过不同展陈空间所带来的工业景象，让现实与过去产生对话，通过触摸感受工业痕迹的沧桑与厚重。

3. 空中景观步道

原厂区的工业管廊及通廊系统被改造为园区中的空中景观步道，距离地面高度为7～14米，主要有慢行步道、健身跑道、观光廊道，满足竖向交通组织流线、观光拍照、健身休闲等功能。主线平均宽度为4米，辅线为3米，面积可根据需要设置。在休憩景观路段，配以花池座椅，俯瞰园区壮丽的工业景观，垂直绿化增加公园景观层次，夜间照明设计烘托公园氛围。

第二节　国内旧工业区更新改造实践分析

通过梳理部分国内旧工业区更新改造案例，不难发现在更新改造手法上存在一定的相似，由于各地区旧工业区历史文化和工业遗存的不同，每个案例的内涵表达又各有特点。一是尊重场地工业遗存，采用艺术化的手法进行合理表达；二是尽量保持旧工业区场地地形，通过生态修复的方式改善场地环境；三是采取多种方式吸引商业入驻，实现旧工业区多元化业态。

最后，剖析上文提及的六个国内案例（见表4-1），找到旧工业区更新改造的重点和借鉴点，对六盘水的旧工业区更新与改造提供一定的参考。

表4-1　国内旧工业区更新改造实践分析汇总表

名称	始建年代	更新改造重点	借鉴点
北京798艺术区	1951年	1.建筑功能的置换，建筑立面的艺术化改造 2.景观小品创意设计 3.艺术文化集群的布局	1.营造工业艺术性景观，激活工业文化基因 2.树立可持续发展观念，场地改造尊重市场规律 3.保护与更新改造相结合，重视资源循环利用 4.协调各方利益，倡导多方参与 5.加强生态修复，改善场地环境质量

续表

名称	始建年代	更新改造重点	借鉴点
广东中山岐江公园	1954年	1. 场地空间精神的塑造 2. 现代化材料与工业遗存的结合 3. 植物群落的合理利用	1. 营造工业艺术性景观，激活工业文化基因 2. 树立可持续发展观念，场地改造尊重市场规律 3. 保护与更新改造相结合，重视资源循环利用 4. 协调各方利益，倡导多方参与 5. 加强生态修复，改善场地环境质量
上海辰山植物园矿坑花园	1905年	1. 矿坑遗址面貌的生态修复 2. 打造景观的情感共鸣 3. 独特场地面貌与景观的融合	
贵阳1958文化创意园	1958年	1. 互动式体验 2. 科技感景观小品的打造 3. 完善园区服务链 4. 建筑的艺术化改造	
昆明春雨937工业遗产文化街	1937年	1. 工业建筑的修缮 2. 文化产业链的打造 3. 吸引多元商业入驻	
北京首钢工业遗址公园	1919年	1. 建筑的创新改造和功能更新 2. 工业遗存的最大化利用	

第五章　六盘水旧工业区更新改造的探索

第一节 六枝矿区

一、六枝记忆·三线建设产业园

六枝拥有丰富的工业遗产资源，被列入中国工业遗产保护名录（第三批），六枝被认证的工业遗产核心物项高达十八项。六枝记忆·三线建设产业园是以目前原地宗洗煤厂厂区为改造原型，利用原有的旧厂房进行加固修葺改造。于2017年年初建成的三线建设博物馆是六枝记忆·三线建设产业园的一期项目。这里不仅是六枝特区的爱国主义教育基地，也是展示"三线"精神留下宝贵财富的场所，如图5-1所示。目前，三线建设博物馆的陈列馆、文化艺术博物馆、停车场及景观广场已全部建成。展陈布展面积为3 230平方米，主要围绕全国三线建设背景，六枝三线建设历史，六枝三线建设精神，六枝的演变历程、大事记和涌现出的英烈劳模等内容。博物馆现有实物展品2 500余件，通过展品与展板结合，真实还原三线建设时期那段激情燃烧的岁月。

图 5-1 三线建设博物馆鸟瞰图

六枝记忆·三线建设产业园（一期）总用地面积约为35亩，新建建筑包括接待建筑、金色碗形剧院；其中，三线建设博物馆是由地宗洗煤厂旧址的老建筑改造而成的，剩下的旧改建筑内容还包括了7号楼三、四、五、六层与11号楼三层的垃圾清理、环境整治和结构加固部分。旧改建筑占总建筑面积的 62.7% 左右，占比超过一半以上足以说明对工业历史的尊重程度较深。三线建筑博物馆作为六枝记忆·三线建设产业园（一期）的重要工程，是贵州六盘水市对旧工业区"保护式"更新改造的一次探索，也是全国首个建设在原工业遗址上的综合型博物馆。

（一）总体布局设计

园区充分结合场地情况设置两处出入口，一处位于停车场，一处相邻游客中心。场地呈北高南低之势，金色碗形剧院和三线建设博物馆位于场地西北部的缓坡之处，放射状广场顺势而下，碗形的剧院与块状的游客中心相互呼应。广场中心设计有为缅怀因 1967 年 1 月 12 日矿难而牺牲的 98 名三线建设者生命的"1·12"大用矿难纪念碑。园区总体布局设计契合场地变化，巧妙利用地宗洗煤厂旧址的老建筑进行布置，如图 5-2 所示。

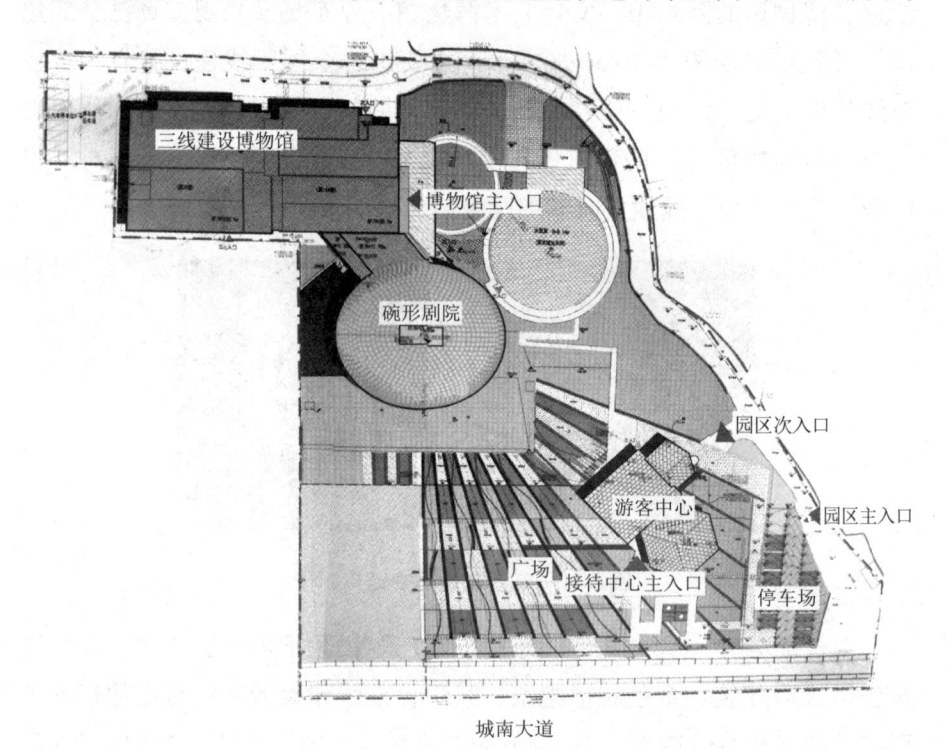

图 5-2　六枝记忆·三线建设产业园布局图

（二）"1·12"大用矿难纪念碑

纪念碑位于放射状广场西南边，长1.5米，宽0.8米，高度为6.7米（寓意着事件发生时间为1967年）。主体结构是数字"1·12"的艺术创意，采用灰白色混凝土浇筑；纪念碑台基由65块堆积块构筑，寓意该事故的主体单位为六十五工程处；三名仿金属玻璃矿工钢塑像似乎在层叠状的煤矿内部夜以继日的工作，纪念碑背面还按姓氏笔画排列了98位三线建设者的姓名。"1·12"大用矿难纪念碑的设计与园区整体环境融合较好，设计表达手法内敛又富有创意（见图5-3）。屹立在放射状的广场上，显得庄重、沉稳，引人深思。

（三）金色碗形剧院

碗形剧院是位于整个园区中心的大型多媒体展示建筑，建筑高度为15米，建筑总面积为1 781平方米。建筑外观呈椭圆形，因采用了金色凹凸状的三角造型铝板做装饰，整个建筑具有超强的立体感，在阳光的照射下熠熠生辉，如此现代简洁的建筑与园区老工业建筑产生着有趣的交流，如图5-3所示。金色碗形剧院内部如同外观一样具有现代感和科技感，采用碗形环幕投影，360°空间成像表现技术，让人置身建筑内部顿感震撼，有身临其境的体验。

图5-3 "1·12"大用矿难纪念碑和金色碗形剧院

（四）三线建设博物馆

该博物馆位于碗形剧院的北侧，是对原厂区 7 号楼和 11 号楼进行改造的，秉承"修旧如旧"的设计理念，在建筑立面上做了必要的清洗和固化处理，并没有对建筑外观做过多改动。据该博物馆建筑的首席设计师汪克说道三线建设博物馆可以让不同年龄层的群体在此重温那段"三线"岁月，让年轻人忆苦思甜，让历史建筑以最真实的状态呈现给参观者"。博物馆一层、二层为展陈区。入口金色大厅通过整面金属质感，并且排列整齐的 19 640 顶矿工帽，展现首批到达六枝的三线建设者凝聚着团结、坚毅的精神，纪念他们朴素的伟大。穿过金色大厅到达序厅，一排混凝土立柱映入眼帘，上方是六枝矿区建设到如今的发展历史浓缩标语，在红色的灯带和五角星的映衬下显得格外庄重。空间两侧没有过多装饰，均以历史痕迹示人，仿佛回到了三线建设时期。随后来到以三线精神来命名的主题展厅，主题即艰苦创业、勇于创新、团结协作和无私奉献。每个展厅中，都包含有关主题的大量珍贵文物史料，如当时的生产设施设备，三线建设者用过的生产生活物品，有关的档案文献及图片资料等。在三线建设博物馆里，有对真实场景还原的矿井模拟区域，参观者可以在此进行三线建设工作的深度体验。博物馆内最引人注目的还有高达十八米的巨大风镐，这是由三线建设时期的零件焊接完成。整个博物馆充斥着浓重的艺术气息，展品内容丰富，同时伴有多个三线家庭、工作环境的沉浸式场景还原，再现当年实况，重返激情燃烧的岁月，从不同角度和层次展示三线建设时期的光辉岁月。

（五）景观小品

整个园区的景观小品始终围绕工业历史这一主题，从入口处连绵起伏的生锈铁板上可以看到起吊机，运转的齿轮，镂空的城市剪影以及"三线建设博物馆"的字样，提示参观者到达目的地。进入园区后，各种大中小型的工业机械矗立在四周，有精密液压滑台、锻压机床设备等。接待中心入口处一侧高低错落的石笼，被填上黑色石块，爬山虎层层围绕，透露出岁月下的生机。参观完博物馆来到广场的廊桥下，有仿制沉淀池的景观小品，一筐筐煤炭冒水而出。此外，园区最多的就是蝴蝶形状的艺术装置，如图5-4所示。均由大小不一的各色齿轮焊接而成，按照首席设计师汪克的说法是"象征每一个六枝人民破茧成蝶的梦想"。由此可见，园区的每一处、每一点既有三线建设时期的痕迹，又有当前六枝人民的美好寄托。

图 5-4 部分蝴蝶状的艺术装置

如今，六枝记忆·三线建设产业园的二期工程正在如火如荼地建设中，不仅是三线博物馆旅游集散中心的配套项目，还是六枝特区新型城镇化建设的示范项目之一。

二、物资供应分公司总库

总仓库木架构站台是在2019年12月6日，由工业和信息化部公布第三批国家工业遗产名单中所列。根据实地调研发现，其目前正在被六枝物资供应分公司使用。即使是工业遗产，仍然发挥着现代生活所需的功用。物资供应分公司总库区现有面积5.8万平方米左右，库房建筑总面积达1.5万平方米左右。

六枝工矿（集团）有限责任公司物资供应分公司总仓库始建于1966年，是三线建设时期西南煤矿建设指挥部后勤配套项目，后因隶属关系多次更名为煤炭部六盘水地区煤炭物资管理处、贵州省煤炭厅供销公司总仓库等。1988年划归六枝矿务局管理。2000年，六枝矿务局破产重组为六枝工矿（集团）有限责任公司后，该仓库同时改制为六枝工矿（集团）

有限责任公司物资供应分公司总仓库。

（一）总体布局设计

物资供应分公司总库现有东、南方向两个出入口，2号、3号、4号、6号、7号库靠近南大门；1号、5号库靠近东大门。园区地形平坦，道路通畅宽阔，停车位在七个仓库均有分布，如图5-5所示。自然生态环境较好，但是欠缺后期维护，景观意识稍显不足。园区仍留有铁轨设施，与1号、2号、3号、4号库连接。

图5-5 物资供应分公司总库平面图

（二）业态分布

目前，园区的七个库房均有相关物流或商贸集团使用，5号库是物资总库的自用仓库，其余库房均已出租。1号库是中通物流和月亮河生鲜配送中心，其正对面是电商商储中心，也是国家级电子商务进农村的综合示范项目。2号库是贵州省中卫医药有限公司使用，3号库是顺丰物流集散地，4号库是邮政物流集散地，6号库是六枝鸿福教育发展有限公司租用，7号库是六枝特区健恒商贸有限公司租用。

(三) 后期规划

在供应分公司总仓库后期的规划中显示，根据用地现状，拟规划五个功能区，分别是物流仓储区、展示交易区、商业商务区、生活配套区和停车场区。其中，商业商务区为新建建筑，主要包括地下一层，地上十六层的商业大厦，也是未来仓储物流中心的核心区位。大厦主要用于商务办公，一层至三层为商业，四层至十六层为商务办公。规划期望对旧工业区遗存实施合理更新，充分考虑场地特性，同时思考提高项目整体品质、土地利用率和项目的总体价值，建成贵州省西部地区具有一定影响力和较大辐射半径的现代物流综合产业服务中心。

第二节 盘州火烧铺矿区

盘州火烧铺矿区以671厂三线文化园为代表。671厂三线文化园是位于盘州胜境街道，体现三线建设文化主题的园区，由原火铺671厂旧址改造而成。671厂是辽宁省抚顺十一厂的"分厂"，时属煤炭工业部，是为六盘水三线建设生产民用爆破产品而建的中型火工企业。厂址地点也是几经变更后，定于盘州火烧铺以北6.5千米、煤炭沟以东2千米处。全厂占地面积116万平方米，房屋建筑面积7万平方米。从建厂到84号半成品试产，再到84号产品正式生产，最后到85号产品正式投入生产，只用了短短几年时间，充分反映出三线建设者具有坚强意志、艰苦创业、顽强拼搏、不怕牺牲、甘愿奉献的艰苦精神。由于671厂产品的特殊性，全厂始终坚持"稳、轻、细"的严格管理和精心操作，而在生产过程中又必须坚持贯彻执行无声无尘、轻拿轻放、定员定量等严格生产工艺、技术操作规程，从而达到既保证安全生产，又确保产品质量的要求。因此，671厂作为夯实三线建设的重要一环，彰显出重要的历史意义和不屈的革命精神。目前，671厂三线文化主题园依托厂区旧址，按照"修旧如旧"的原则进行更新改造。对历史建筑进行了立面修复和功能置换，同时为了完善园区整体布局，新增建筑力求与整体风貌相统一，景观营造也颇具"三线"风采。通过重现"三线"场景，体现三线建设时期的历史人文背景和"三线"人的精神品质；借用三线文化留住历史记忆，弘扬"三线精神"。园区还肩负着向外界展示盘州新风貌的使命。

一、总体布局设计

该园区项目用地面积为8.8万平方米，总建筑面积为2.4平方米。其中，涉及三线文化展览区建筑面积1 894.32平方米。目前，园区有主要出入口一个，西南侧次出入口一个；停车场位于主入口的北向，与671厂大本营相邻。671厂三线文化园，除有六盘水市历史建筑671厂职工宿舍2号（现为会议室大礼堂）外，还有1956年12月由第一汽车制造厂生产的汽车；还有为还原历史场景所建的火车站、矿洞等和追忆三线历史的展览馆、文化广场等建筑设施，如图5-6所示。整个园区地势由南至北逐步升高，园区主要建筑位于主入口四周，新建的酒店客房位于北侧，依地势层层排列。

此外，为盘活671厂资源，园区增设研学业态，来用好用活三线文化园资源。深耕研学、创新文旅、驱动发展、踔厉奋发，围绕"吃、住、游、玩、乐、学"，满足不同游客需求，让671厂三线文化园区持续激发文旅产业新生力。通过走访调查，园区主要建筑包括两幢671厂展馆、671厂俱乐部（原671厂职工宿舍2号）、广场和671厂大本营（办理酒店入住和餐厅）。其他的厂房和工人宿舍改造成特色鲜明的酒店，根据房型的不同分为牧歌、揽庆、拾风、见山、朴舍、栖迟、源味等客房，供游客选择。青瓦红砖、老树墙垣，仿佛有一种与世隔绝之感，又仿佛置身泛黄的老照片中。

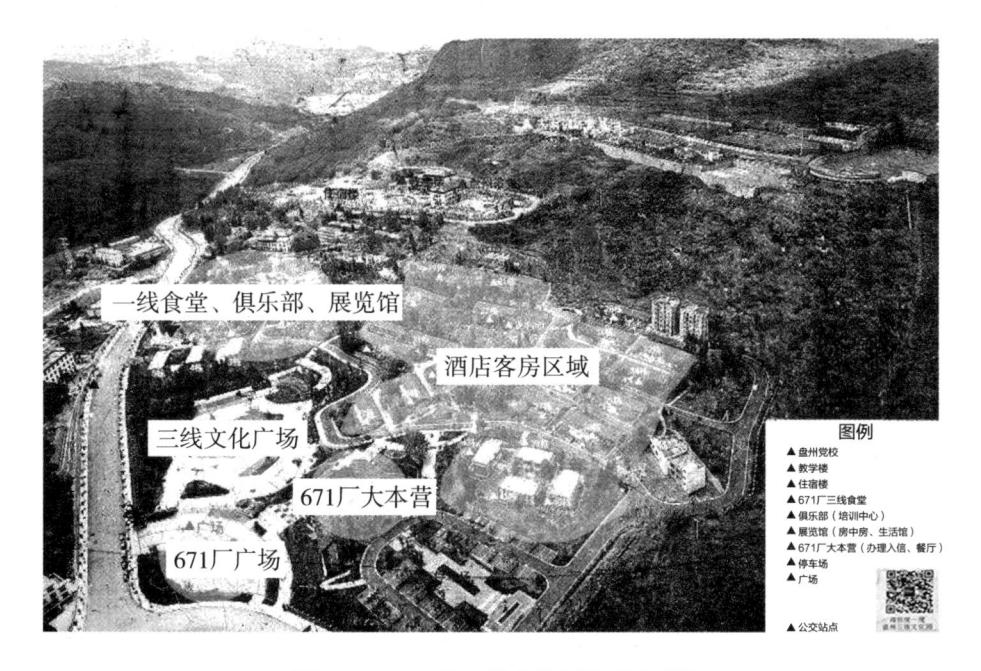

第五章 六盘水旧工业区更新改造的探索

图 5-6 671厂三线文化园平面布局图

二、建筑改造

671厂俱乐部是原671厂的职工宿舍，设计师将外墙完全保留下来，对房内脱落、老旧的房梁、内墙等设施进行修缮和加固，再结合空间划定和功能划分布局。现在的俱乐部可以开展舞台剧、音乐推荐会，还可以举办大型会议。"房中房"的奇特之处正是建筑名称的含义，内部是一间没有屋顶和房门的旧红砖房，外部则用一座巨大的玻璃房将其包裹起来，因而形成"房中房"（见图5-7）。内部陈列有电视机、电话、煤油灯、老式工具箱、自行车等老物件，围绕旧红砖房的外部则根据主题需要，开展读书分享会、摄影、写生等文创活动。这些建筑的改造手法，既不失现代使用功能要素，又对工业遗存实施了较好的保护。

图5-7 位于671厂三线文化园的"房中房"

前文提到的三线文化旅游主题酒店也是该园区的一大亮点，客房建筑融入三线历史之中。建筑上有一层的平房，也有将老式单元楼改造而成的酒店套房，客房风格多种多样，包括工业风、火炕风、三线体验风、庭院风、三线青年旅社等。虽然客房风格多种多样，但在房区的建筑设计和景观营造的手法较为一致。一层的平房外在朴素，红砖和石头纹理裸露在外，尽显粗犷痕迹；地面铺满灰色砾石，缀有大块石板汀步；置一方石桌石椅，供人喝茶闲谈；院落四周植有职工们居住时种下的果树、蔷薇花，夏天观花，秋天拾果；季季有景，时时得趣，好不惬意。老式单元楼的改造手法较为简单，外立面按原貌稍作整饰，同时为确保入住客户安全，在一层入口处加设玻璃大门方便统一管理，如图5-8所示。

图 5-8　三线文化旅游主题酒店部分客房外貌

三、景观小品

按照景观小品的功能分类，据不完全统计，671厂三线文化园现有场景雕塑十座；三线工业设备十六座；三线运输工具两处；场景还原两处，分别是矿洞和火烧铺火车站。照明类、信息类的景观小品，均采用不锈钢板，设计较为简洁。最值得一提的便是671厂的生产线廊架，该生产线主要展示的产品是雷管，如图5-9所示。作为煤矿开采的重要帮手，在20世纪六七十年代，我国雷管的性能和均一性较弱，但是研发工人仍然没有放弃雷管的自主改进，他们通过手工与机器相结合的生产方式，使雷管的生产技术不断进步，还取得了一定的成绩。该生产线廊架采用红砖砌成，两侧设有工业风格的高挑弧形门洞，廊柱上则悬挂三线建设时期的生产标语，从入口起分别是"安全生产，轻拿轻放""吃饭不花钱，努力搞生产""放弃者绝不成功，成功者绝不放弃"这一系列质朴却又响亮的标语，激励着一批又一批三线建设工人。另外，该生产线廊架按照雷管生产工序，对设备依次排列，并配有相关的文字介绍，分别是注塑机、列管式油冷却器、油压机、卡口机、排管机、10头装药机，还有普通车床和卧式快装锅炉这些工业零件和煤炭加工设备。

图5-9　671厂生产线廊架

第三节　水城钢铁厂片区

六盘水水城钢铁厂片区依据2005年编制的《六盘水城市总体规划纲要（2006—2020）》显示，属于水月片区的水钢组团，以工业、生活、居住为主。根据2021年的六盘水《市中心城区控制性详细规划——水月片区（水钢）修改方案》显示，水钢组团内有三处三类工业用地位于其中。一处位于水钢北路与把西路的交汇处，一处位于幸福路的东北向，最后一处位于麒麟山东北向。一方面六盘水的工业基础深厚；另一方面六盘水首钢水钢有限公司的工业转型、优化、提效也在积极推展，如实施智能机器人、无人值守、远程计量等措施。因此，可以预见梳理新发展理念、深化改革的行动为水城钢铁厂片区引来高质量发展的前景。此外，面对工业设备的更新换代、工业厂房结构的老化等现实情况，大量的废弃厂区建筑，落后的生产设施以及落破社区环境产生正大量存在现有的工业区内。本章节将对此类型空间和现象，提出更新改造的构想及有关设计内容。

一、旧工业区建筑改造

工业建筑一般具有内部空间空旷，外部造型稳重，表皮肌理粗犷的特点。对工业废弃厂区建筑的改造既能减少开发成本，缩短工期；还可以在延续三线文脉和城市肌理的情况下，完善城市服务功能，增强城市历史底蕴。这一趋势得到越来越多学者和设计师的认可，如岐江公园的东西部船坞改造为游船码头、游艇俱乐部和美术馆；西安建筑科技大学华清学院的1号、2号教学楼则是利用两个轧钢空间通过室内空间加层改造而成；深圳华侨城创意文化园通过植入夹层和设置错层的改造方式，将厂房建筑打造成时尚的办公、展示和休闲空间。可见，旧工业建筑改造既符合国家开展存量优化、更新的要求，又促进了历史文化的可持续性。对此，根据六盘水城市转型的特点，文化产业的流行风向标和实际周边群体的需求，对废弃旧工业建筑改造分为以下几种类型。

（一）文化博展类

城市的发展离不开各种文化基因的集聚，它是人类文明的载体，是文化的表征。单霁翔（2007）指出城市本身就是文化遗产。如何保存城市特有记忆、提升城市品质、展示城市精神、增强民众城市归属感，也许博展功能的建筑可以解决这些问题。博物馆和展示馆是一种为收藏、记录、展示历史文化而产生的特殊的社会文化事业实体，是有形的笔记者。它的出现为解读城市文化的存在意义、发生过程、精华成果提供了可能，也为市民提供了精神活动的场所。克里特岛自然历史博物馆正是由希腊一旧电厂改造而来，设计师保留了原工业建筑的结构和形式，在内部空间上对应生物有机体的生长演变状态，设计了生态系统空间、流通空间和进化分类学空间，以展示从海洋到陆地的生命发展历程。

1. 水钢历史博物馆

六盘水的水城钢铁厂是城市工业发展的一个缩影，反映了工业发展与城市发展趋势。目前，六盘水有三线建设博物馆一个，里边内容主要围绕三线文化，以历史脉络展示了贵州三线建设时期的劳动场景、生活场景以及辉煌成果。水城钢铁厂发展至今，成了六盘水不可多得的见证，凝结着社会、经济、产业和技术等方面的历史信息。通过建设水钢历史博物馆，可以深度还原和展现水城钢铁厂作为六盘水工业历史里程碑的企业的成长史；对革新城市面孔，延续城市风貌，具有重要的现实意义。

（1）总体设计。所选场地有一处东西长向的厂区建筑，以最小干预为设计准则，保留工业资源，如相应的构筑物、工业设备；让参观群体能近距离感受历史遗留下的工业文明，如管道、运输铁轨、工人劳动形态、口号、使用的工具等。还要强化建筑与景观的联系，通过营造舒适的空间、统一环境色彩以及材料的设计手法，使工业特征与环境有机衔接，营造既有历史痕迹，又不失品质的景观空间。具体表现在场地设置主次入口各一个，方便行人和机动车进入。方案的南北向为主轴线，分别置有水钢历史博物馆和工业景观展示区；东西次轴线布有几何状生态景观区和停车场，如图5-10所示。功能分区明确、流线畅通、集散场地合理分布，满足博物馆游览需求。在场地中，保留和放置部分工业零件作为景观展示，强化工业场地氛围，丰富到访者的景观空间体验。

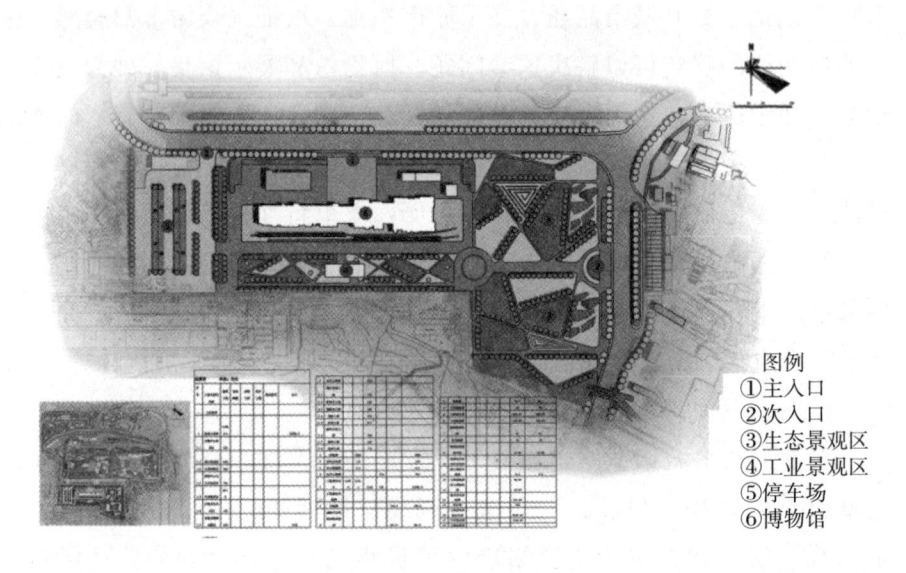

图例
①主入口
②次入口
③生态景观区
④工业景观区
⑤停车场
⑥博物馆

图 5-10 水钢历史博物馆总体布局图

（2）建筑部分。建筑共两层，按照游览习惯共分为水钢历史展示区、钢铁艺术沙龙区以及互动体验区。在水钢历史展示区中按照发展轴线进行布置，具体时间轴线按照 1966 年 1 月下达水城钢铁厂设计任务书的开始时期；到建厂后创下日生产生铁 594 吨纪录的辉煌时期；到 1984 年水城钢铁厂成长为初具规模的中型钢铁联合企业的高光时刻，再到成为首钢水城钢铁（集团）有限责任公司的转型时期以及目前不断发展、优化、更新的创新时期。依次通过图片展示、文物展示、特色成果产品展示、VR 成像技术、搭建场景沙盘等方式，再现水钢历史。在钢铁艺术沙龙区，以工业零件艺术品加工为主要展出内容，一方面充分发挥工业设施的剩余价值；另一方面让到访者感受工业艺术的魅力。在互动体验区，通过模拟真实生产环境以及产品生产加工的动画演示，完成深度体验。此外，建筑内部还设有多功能演播厅和商务会议室，也方便企业在此洽谈业务和开展活动，如图 5-11 所示。

图 5-11　水钢历史博物馆内部效果图

（注：图片由宋佳蓉提供）

（3）景观部分。在景观中通过视觉、听觉、触觉效果的强化，让到访者在有形的环境中，体会无形的文化，如图 5-12 所示。在视觉层面，保留运输火车头，人们可通过斑驳的肌理和灯光效果的营造，梦回那一段三线历史；在听觉层面，借助场地内仍在作业的工厂，其生产过程中发出的轰鸣声响引发人们的工业感思；在触觉层面，通过景观墙上凹凸有致的工业生产画面的浮雕，采用如文化石、砂岩、钢材等不同材料，在触摸中体会历史的沧桑。

图 5-12 水钢历史博物馆景观效果图

2. 苗族文化展示馆

苗族蜡染非遗传承村——马坝村，是苗族同胞聚居的苗族村寨，苗族人口占总人口的 98%。马坝村的苗族蜡染是为生产者自身需要而创造的艺术，其产品主要为生活用品，包括女性服饰、床单、包袱布、包头巾、背包、提包、背带、丧事用的葬单等。目前已被列为贵州省非遗代表性项目，具有一定的地域民族特色。少数民族文化传播是塑造城市特色的另一途径。马坝村西靠水钢废钢厂，在对苗族工艺的传承和发扬具有重要的区位意义。以工业建筑为载体呈现六盘水的苗族非遗文化，既激活了少数民族文化的新基因，又让旧工业区废弃厂区建筑得以恢复活力。

（1）总体设计。根据苗族蜡染技艺的过程，对现有场地进行布局。园区主要出入口邻接水钢内部主要道路，按照织、染、绣的步骤完成场地组织，分为织艺广场景观、蜡染博物馆、绣影广场景观三大功能区，如图 5-13 所示。这些功能区通过和织带一般的弧形步道串联，辅以精细蜡染图纹的装饰，与质朴、厚重的工业建筑产生了强烈的文化碰撞。在这种气氛的衬托下，能够激发到访者强烈的探索欲望。

图 5-13　苗族文化展示馆总体设计图

（2）建筑部分。该项目所利用的工业废弃厂房位于水钢轧钢厂区域内，共三层。改造后的蜡染艺术展示馆建筑总面积为 4 320 平方米，这是集展示、零售和研发于一体的场所，如图 5-14 所示。第一层为苗族服饰文化的展示场所，通过展示以蜡染为主要技术的服饰，从历史、制作、设计、蜡染加工再到成品制作这一全过程的内容。其中，蜡染服饰展厅为 1 350 平方米，蜡染刺绣服饰展厅为 1 200 平方米；再结合多媒体影像播放的方式，展现制作工艺的全过程。第二层为苗族蜡染文创产品的零售区域，在此处有蜡染工艺的美术品、家具饰品、首饰品等文创产品的展示和零售。其中工艺美术品展销空间为 762.5 平方米，家具饰品展销空间为 114 平方米，蜡染服饰展销空间为 850 平方米，首饰品展销为 817 平方米；还设有相应的储存仓库和商务洽谈会议室。第三层为苗族蜡染非遗研究培训和产品研发场所，设有技艺培训室、管理室、信息中心等空间。其中，技艺培训室面积最大，达 1 893 平方米，主要有非遗传承人对学员进行培训，包括设计创意、工艺制作、产品加工等方面内容。此外，还可与地方院校合作交流，作为蜡染文化实训实验基地。在建筑立面局部采用蓝白蜡染花纹装饰墙面，对部分外窗进行拓展，完成日常结构加固措施。

图 5-14 苗族文化展示馆内部效果图

（3）景观部分。采用点、线、面组织景观的方式，在点中主要设置雕塑、景观凉亭等吸引造访者的视线；在线的景观表现上是以蜡染浮雕墙、蜡染图纹步道、蜡染布帆景观这类线性的景观措施为主；面的景观表现所涉范围较大的有织艺广场景观和绣影广场景观，如图5-15所示。点线面景观元素的结合，形成不同尺度的空间感受，丰富到访者的游玩体验。

图 5-15 苗族文化展示馆室外景观效果图

(二)文化创意体验类

当社会生活整体水平不断提高,人们对于空间的需求不再停留在生产、消费这一简单类型,他们渴望空间体验感的多元化。季松(2009)认为空间体验的关键因素在于反差性,即这类空间与人们日常生活或熟悉的环境具有强烈的不同,而主题化、情境化和参与度是特色体验成功的重要因素。文化创意体验类的空间是为人们提供新兴事物尝试的场所,是创意产业发展的集中表现,这类空间的独特创新性和深度体验感是提升经济效益和人群活力的必要条件。因此,通过对国内案例的分析发现,大多城市旧工业区在进行文化产业改造后都获得了可观的经济效益和社会效益,如北京798艺术中心、重庆鹅岭二厂文创公园、南京1865科技·创意产业园等。这些成功引来了诸多城市的跟风效仿,最终落入同质化的局面。对此,既要避免此类现象的产生,又要真正体现"创意"二字,这也许是这类改造项目最为艰难的部分。

1. 赛博朋克体验馆

赛博朋克是科幻世界观的一个分支,属于小众爱好,现已发展成规模可观的亚文化圈,拥有大量忠诚度很高的爱好者。它的主要表现是未来发达的城市景象,色调以红蓝为主。目前"赛博朋克"话题的热度较高,但人们对赛博朋克的体验仅停留在观影和游戏等线上途径,线下实体体验环境仍处于探索阶段。

(1)总体设计。项目所在位置为水城钢铁厂内为数不多的平坦地块,建筑改造的对象为炼钢旧厂房。项目四周环山,地势开阔。厂房西侧连接水钢工业片区入口及内部道路,废弃的货运铁轨处于东侧,公共绿地位于厂房北边,南侧是货运卡车的停车场。根据这一区位状况,项目分别在东西两端设置出入口,保持车辆、人流畅通,并以此轴作为景观轴线进行打造。按照动静分区的设计,建筑功能以动态体验为主,建筑外场地加强静态漫游体验感,强化造访者的体验意识,激发重游意愿。

(2)建筑部分。建筑改造以空间功能转换为主,通过打造"楼中楼"

的内部结构，颠覆人们对常见体验馆的认知。采用以十字划分中心的方式，将建筑内部按照餐饮、购物、展览、VR体验等功能完成布局，如图5-16所示。同时设置四个主要出入口以满足日常游玩进出的需求，另加设四个独立的安全出口以应对突发险情。建筑内部分为A、B、C、D四个区，分别对应四个功能。其中A、B区为餐饮、购物的商业空间，通过内部通道相连，确保商业活动的流通性。C区为赛博朋克展览馆，D区为VR科技体验馆。

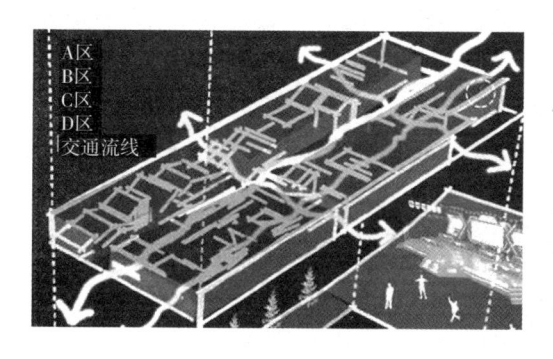

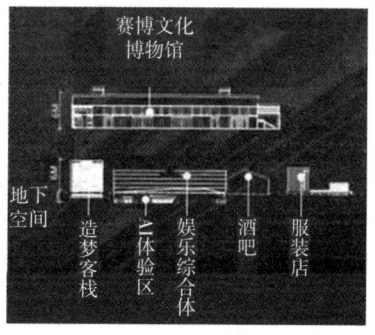

图5-16 赛博朋克体验馆建筑布局图

建筑空间根据赛博朋克的未来设计风格打造，主要使用红蓝色调灯光烘托气氛，辅以紫黄灯光点缀，营造神秘梦幻的空间环境，如图5-17所示。餐饮空间以现代科幻电影为设计灵感来源，预设五个提供不同类型食物的餐厅以满足各类造访者的进食需求，同时再对外招标餐饮、小吃铺面，完善餐饮体系；购物空间按照不同的星球主题布置，包括时装、赛博朋克周边产品等，本次方案设计也可吸引原创手作网店的落地，为其提供集中且精准的客源；展览空间提供作品展览室、赛博朋克观影室、游戏试玩室、高科技展厅、变装摄影基地等内容，通过满足造访者的科普需求，又提供超前的感官体验；VR体验馆契合新兴科技发展趋势，贯彻沉浸式体验的宗旨，为VR科技提供商用的平台，建立VR技术民用化、普及化的纽带。为满足以上功能，在保留旧厂房原有大空间的前提下，对局部受力结构实施加固，并使用碳素结构钢材料对分区空间进行分隔。

图 5-17　赛博朋克体验馆内部效果图

（3）景观部分。为呼应科技的潮流感，场地景观以赛博朋克电影为原型，以小型的建筑模型为景观主体。将 20 世纪 80 年代的美国街头建筑风格与东亚传统建筑风格相结合，制造冰冷钢筋混凝土与多彩霓虹灯的冲突感。在植物方面，以修剪成较为抽象造型的灌木和绿篱形成搭配；在局部空间使用金属质感的小型艺术装置，可以起到点缀作用，确保在整体环境上与科技感、未来感保持一致。

2. 民族艺术创客园

展览馆和博物馆是激发人们弘扬民族艺术，保护民族文化思想的场所，那创客空间则是为喜爱民族文化，享受文化创新人们提供技术和能力孵化场所。这类人群对民族文化具有浓厚兴趣，热衷创新、冒险，渴望与他人共同分享创意成果，善于与人交流合作。民族艺术创客园是艺术实践和艺术创新的结合体，传承人和设计师之间产生的头脑风暴将创意实物化，并实现经济效益，这是对建筑空间功能价值最大化的体现。六盘水是多民族城市，布依族文化遗产资源相对较少，人们的重视程度不高。民族艺术创客园在这种环境下，可以改善民族意识淡薄，民族文化存在感低的现象。不仅为布依族村落待业人员提供再就业的机会，还为民族文化爱好者提供学习和工作的场所，为少数民族产业的振兴带来可能。

（1）总体设计。场地前接冶金南路，后连加工区；建筑位于斜坡上，视野开阔、通风、采光良好；建筑的工业特征明显，具有较好的利用基础和空间。项目东西两侧各设主要出入口一个，东西向次要出入口两个。规划总用地面积为7.24公顷，打造一园三核四片区的规划结构，如图5-18所示。一园为布依族艺术创客园，三核为布依族服饰售卖区、艺术沙龙区、布依族文化博物馆，四个片区是创客艺术中心、布艺加工厂、美食广场和创客公寓。其中园区中心位置为布依族文化博物馆，主要以展示布依族文化历史、风俗、生活习惯等内容；艺术沙龙区位于布依族文化博物馆南侧，是艺术家交流聚集地，在此可以探讨艺术灵感或举办个人艺术展览；创客艺术中心与布艺加工厂相邻，为布依族文化爱好者、布依族非遗传承人、布依族村民提供创作空间，同时是地方高校艺术专业学生的实训基地；考虑到后期的成本运营，还有服饰售卖和美食广场等商业活动空间；创客公寓位于场地西南角，靠近美食广场，方便创客就餐。

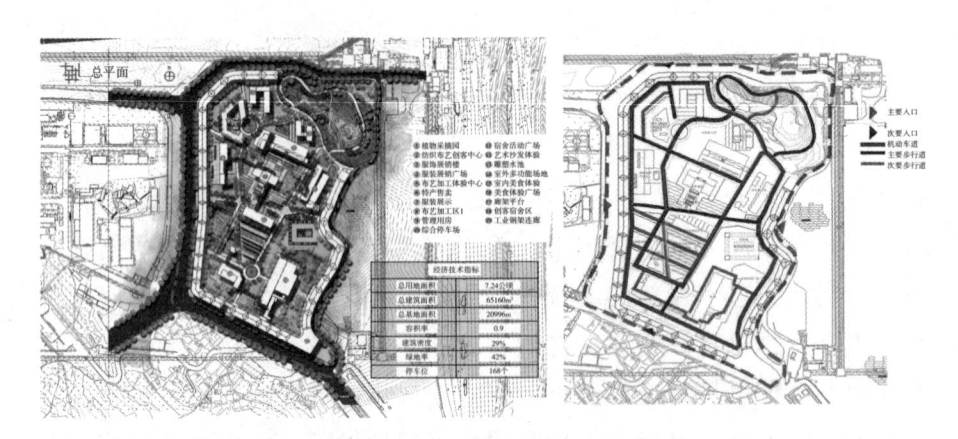

图 5-18　民族艺术创客园总体布局图

（2）建筑部分。创客艺术中心以红砖厂房为空间载体，打造一个为创客日常创意工作的三层空间，如图 5-19 所示。建筑内部采用内廊的布局形式，一层多以公共办公空间为主，还设有会议室、接待室、茶水间以及管理者的工作室；二层按照布依族产品类型划分办公空间，因为产品类型的不同，对空间的要求也有差别，据此分为服饰区和首饰区；三层多为主创人员的办公室和会客室，每层都有大的会议室，供多人交流和讨论，洽谈商务合作等功能。

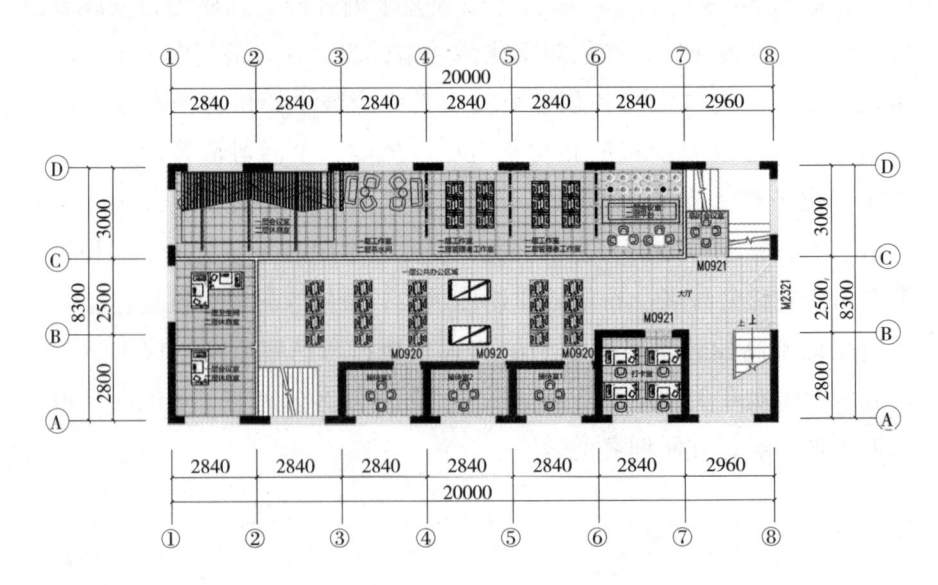

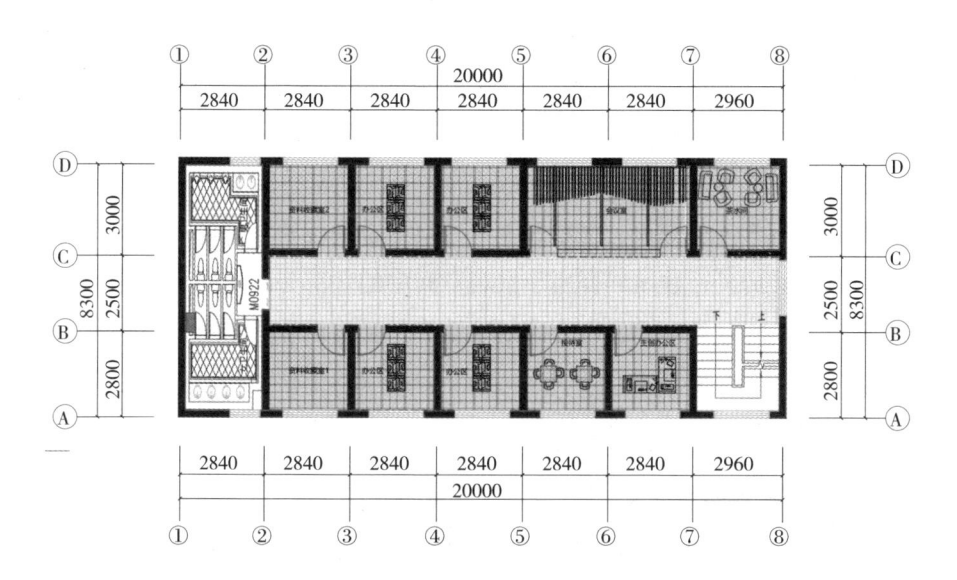

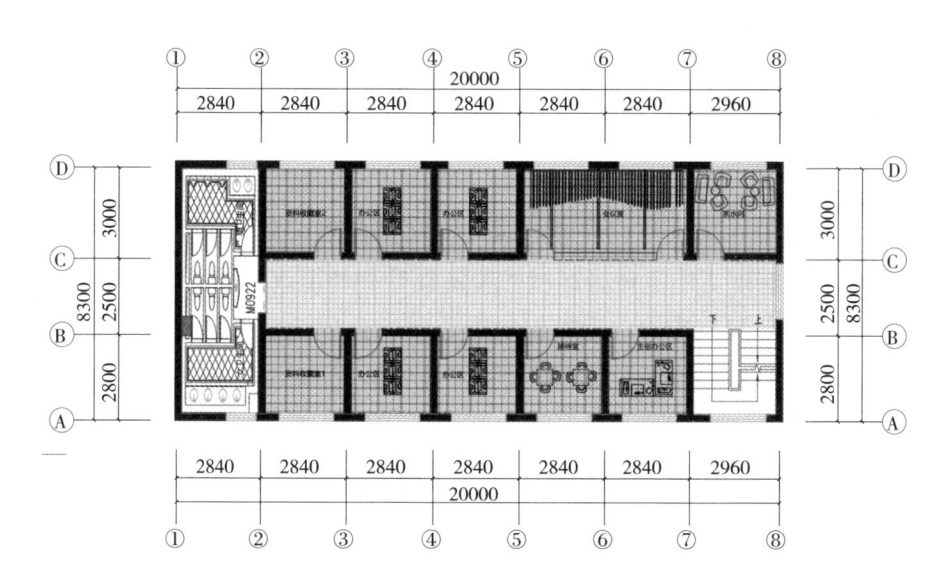

图 5-19 创客艺术中心平面布局图

艺术沙龙区同样为三层建筑，考虑到有个人艺术展览的情况发生，在第一层使用临时隔断划分空间，以便组合为展览使用；第二层为个人办公空间，或是进行空间的租售使用；第三层多为会议室和会客室，为隐私和独立的洽谈合作、交流提供场所。

（3）景观部分。景观空间整体动静结合，私密空间与开敞空间结合，整体景观呈现多元化效果。在景观上通过打造空中廊架，将场地内各景观组团联系起来。此外，建筑同样属于景观空间中的一部分，在保留建筑主体结构的基础上，对建筑立面进行合理的装饰。包括增设外凸空间，墙面进行夸张涂鸦等方式，凸显艺术特性。在植物上，选取本土植物和具有一定抗性的植物，如杜鹃、玉兰、枇杷、桂花、香樟、金叶女贞、冬青和黄杨等。

（三）商业公共建筑类

经济社会持续利好发展，人民物质生活水平明显提高。公共建筑作为各类活动的载体空间，根据受众群体的心理特点和实际需求，被社会广泛关注。将旧工业区废弃建筑改造为商业型的公共建筑或是利用旧工业区中特有的地形进行商业建筑的建设，既符合城市发展规律，同时与城市化发展方向保持一致。

旧工业区为提升区域经济活力，可在范围内结合当地城市发展情况和市民需求植入多种商业形式，通过优化整合建筑空间功能，更新建筑周边环境，实现老旧工业区区域的经济提升和环境改善的目的。

在建筑空间改造中，为确保功能分区的合理性，在设计中遵循实用性、科学性原则；在布置交通流线上，建筑内部流线要畅通，不仅满足一般使用需求，还要满足消防逃生需求，建筑外部流线不能干扰正常的城市交通；在景观环境中，要做到与城市风貌协调，注重生态环境的氛围，配套功能性的景观小品，完善整个场地环境。

1. 矿坑酒店

矿坑是工业活动的痕迹，被开采山体的矿坑若不采取干预和治理，一方面会影响整体环境生态；另一方面会破坏城市整体风貌。对于此类工业印记，要做到尊重场地基础；对利用率低的矿坑，尽量减少人工干预；在恢复自然生态环境的前提下改造，体现地域文化特色。在我国著名的矿坑案例中，有将其改造为矿坑公园的，如南京汤山矿坑公园。结合场地入口处的湿地湖泊，通过构建雨水分级管理的措施丰富湖泊景观、确保水体周边环境安全；将场地遗留的大量石材资源改造为坐凳、立墙、步道等景观小品元素；灵活应用场地的独特地形，设计趣味亲子乐园，增强游玩体验感。2018年，辽宁省阜新市新邱露天矿坑改造成为越野赛道，截至2020年9月，该赛道已举办了8场赛事，接待观众逾21万人次；单场赛事促成的交易额达7 000多万元。

这次的改造有效抑制了矿山扬尘问题，带动了阜新地区的服务业和旅游业发展，实现了传统煤炭采掘业向现代文旅产业转型，完善了周边老旧居民小区配套设施，为阜新带来了生态效益、经济效益、产业效益和民生效益。可见，矿坑资源的有效开发利用，将为城市创造广阔的发展前景。

（1）总体设计。六盘水水城钢铁厂附近现有面积为150 000平方米的采石矿坑，似圆形，坑高40米，直径约100米。四周为坚硬山体，并有大量植物覆盖山顶。矿坑酒店设计的构想，既符合六盘水市产业模式转型趋势，还是对矿坑改造利用的一次新尝试。按照"体味自然意境，营造时尚温馨"的设计定位，建筑主体依山就势，与采石坑融为一体，如图5-20所示。

建筑设计将不定基面原理作为依据，对矿坑的垂直界面，结合原有地形，实施分层筑台的做法，形成多层次的复合空间，使每间客房获得延伸向外的露台空间，可以观赏坑内的景观以及对面的山体景色。倾斜截面采用植被混凝土生态护坡绿化技术，在恢复植被绿化后，又加强陡峭地形的固化效果。

同时，为满足不同层次的消费需求，酒店设置不同价位的房型；按照星级酒店的标准，设有酒店大堂、后勤服务、会议中心、客房、水上主题餐厅、亲水平台区以及空中廊道等区域。

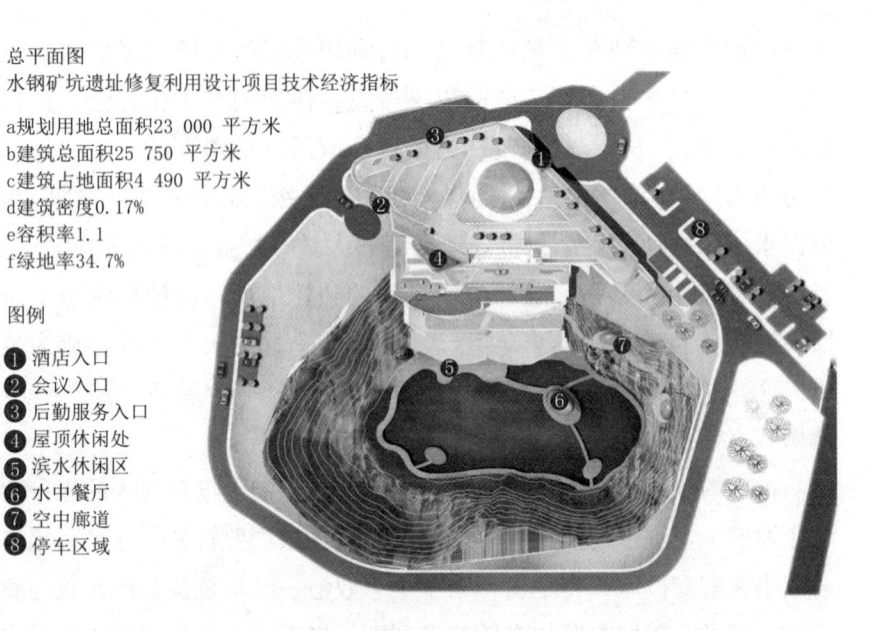

总平面图
水钢矿坑遗址修复利用设计项目技术经济指标
a规划用地总面积23 000 平方米
b建筑总面积25 750 平方米
c建筑占地面积4 490 平方米
d建筑密度0.17%
e容积率1.1
f绿地率34.7%

图例
① 酒店入口
② 会议入口
③ 后勤服务入口
④ 屋顶休闲处
⑤ 滨水休闲区
⑥ 水中餐厅
⑦ 空中廊道
⑧ 停车区域

图 5-20　矿坑酒店总体设计

（2）建筑部分。该酒店总建筑面积约 25 750 平方米，共有 14 层建筑，总高度约为 50.4 米。其中坑外建筑为 3 层，坑内建筑为 11 层，共 14 层。矿坑区地上一层平面总面积 4 300 平方米。根据方案规划，主体建筑包括酒店大堂、后勤服务、会议中心、客房、水上主题餐厅、亲水平台区以及空中廊道。空中廊道平台的高度距离坑底约 25 米，跃于水面之上。廊道连接建筑，步行至廊道时可观赏整个矿坑的壮观景象，也可直通崖壁体验陡峭之势；水上主题餐厅位于水面中心处，由三条水上步道连接，融合特有水资源，就餐的同时感受水面带来的徐徐凉意；亲水平台区设置在建筑与水面交接处，可供人们近距离与水景接触，其平台和水中廊道的面积约有 1 000 平方米。这些功能区在整个坑内建筑中构成壮观景象。

建筑划成五个功能区，即酒店服务大厅（见图 5-21）、会议中心、宴会厅、后勤区、客房区。酒店服务大厅包含服务前台区、前台办公区、商店、大堂吧、备餐间等；会议中心包含会议前厅、普通会议室、高级会议室、商务中心、宴会展示、茶歇区、衣帽间等；宴会厅包括宴会厅、宴会前厅、宴会厅家具库等；后勤区包括后勤门厅、采购部、成本部、酒水仓库、垃圾房、储藏间、热厨区（蔬菜加工、肉类加工、鱼类加工、糕点加工、预洗间、厨房空调排风机房）等。客房区包括普通标间以及景观套房。地下一层为餐饮层，建筑面积为770平方米；地下二层为地下水景观赏层，建筑面积为690平方米。

图 5-21 酒店服务大厅效果图

（3）其他部分设计。在结构设计方面主要以混凝土框架结构和钢框架结构为主，地基基础采用筏板基础、箱形基础。在坑内的岩石表面上，应用预应力锚索等方式加以固定，整个建筑的抗地震结构分别由采石坑边的坑口基础梁和坑底箱型基础承担。同时在基坑的基础梁上安装预应力锚索，一是固定岩石表面的建筑设施；二是保证轴承承受地震的水平力，并传递到远离基坑的边坡岩体上。排水设计方面，在采石坑外围设计截洪沟，在采石坑内的安全水位处设置排水管道以及设计相应的抽水泵，在雨季时能够稳定保持安全水位。

2. 后工业影视基地

影视基地属于文化产业的一种，即为社会公众提供文化、娱乐产品和服务的行业以及与其产生关联的行业集合。放眼全球经济发展情况发现，文化产业在国民经济中具有重要的地位。在旧工业区进行影视基地改造的构想，不仅是发展新路子的一种尝试，还是地区谋求新发展的一种探索。原雪浪钢铁集团轧钢厂的老厂房建筑布局、结构清晰，河岸码头风貌保存完整，通过将原有工业遗产元素与现代影视文化元素有机融合，在无锡市的该工业遗址上建立了一片新型影视产业基地，这在国内也属于一次大胆的创新。

在无锡国家数字电影产业园的总体规划中，充分保留原有厂房的建筑格局，根据影视制作基地的工艺流程来整合调整功能分区，重新架构交通流线和景观节点。在保证结构安全的基础上，按照影视产业功能需求对建筑空间和结构进行加固改造。期望与无锡中视影视基地（唐城、三国城、水浒城），吴江同里影视基地形成联动效应，整体提升区域竞争实力和综合竞争力。

（1）总体设计。本次设计构思所选场地为水城钢铁厂的煤焦化作业区。为加强六盘水城市文化的持续输出，契合城市转型的战略要求，对旧工业区遗存进行合理化的保留以及改造。构建后工业影视基地，提高场地利用价值，提高城市形象，提升西南地区的区位影响力。按照总体规划、分期建设、逐步实施的原则，在一期的影视拍摄区域，对建筑结构稳定、建筑风格独特、建筑空间宽阔的建筑遗存进行保留，该区域面积为116 600平方米，主要呈现出三线工业物质面貌和劳动精神；二期为影片制作与制作体验区，该区域面积为85 600平方米，主要是对影视素材进行制作和宣传；三期为影视产业商业区，该区域面积为229 121平方米，主要包括对影视爱好者的培训、影片宣传、影视交流等内容，促进复合型产业的发展，如图5-22所示。在场地建设和功能串联中，设计环形道路与之衔接。生产工艺流程线沿着原有道路布置，将原有道路的南面补给齐全，最终形成游客进入入口、上观光车游览、购物、下车观光车停放的循环路线。项目包括三线建设精神文化宣传博览区、三线生产工艺体验区、影视拍摄区、影视后期制作区和摄影器材道具租赁区五个主要的功能区。通过地方工业生产劳动

第五章 六盘水旧工业区更新改造的探索

文化的挖掘与影视文化产业的创造结合，形成具有地方特色的后工业文化保护和宣传场所。

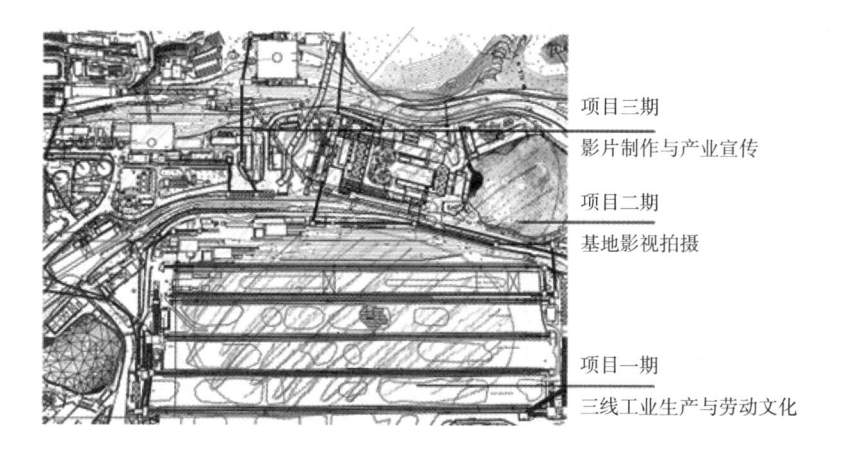

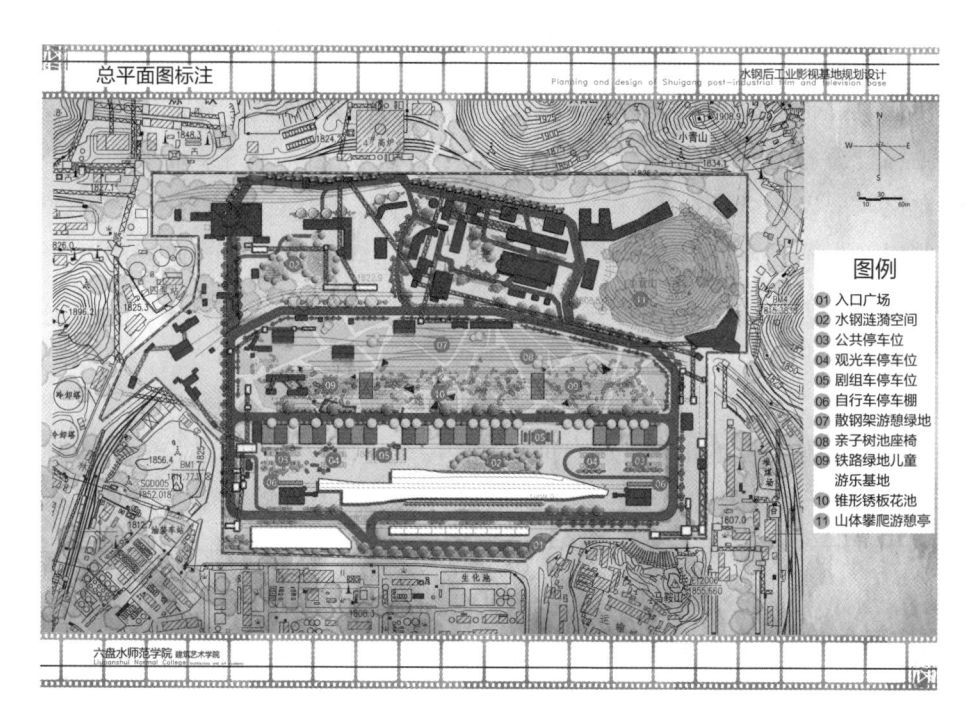

项目三期
影片制作与产业宣传

项目二期
基地影视拍摄

项目一期
三线工业生产与劳动文化

图例
01 入口广场
02 水钢涟漪空间
03 公共停车位
04 观光车停车位
05 剧组车停车棚
06 自行车停车棚
07 散钢架游憩绿地
08 亲子树池座椅
09 铁路绿地儿童游乐基地
10 锥形锈板花池
11 山体攀爬游憩亭

图 5-22　后工业影视基地总体设计

（2）景观系统设计。景观节点按道路布置，分为入口影视商业景观、特效影棚景观、铁轨步道景观、喀斯特地形景观、工厂老街景观等。影视商业景观通过全息影片投放，与场地人流相结合，将人作为景观中的一部分，作为该区景观特点。其中，室内景观呈现方式主要在特效影棚上，通过5D特效影片场景观赏，增强体验性、科技性和趣味性，是该影视基地的收费项目，将其作为项目资金回笼的一部分。铁轨步道景观以国外的高线公园案例为参考对象，植入高层的休闲娱乐空间，在确保安全的前提下实现场地上部的观赏、游玩；场地下层的铁轨保持流线的原貌，并修复损毁的轨枕、道钉等构件，以满足不同年龄层人群的步行、游览需要。喀斯特地形景观作为地方特色景观展示区，通过开设亲子登山的项目，增强场地的活力。工厂老街景观采用场景还原的方式，统一建筑风貌，增强工业历史感，再现三线建设时期的工厂面貌。让场地历史气氛更浓郁，使游客更能融入当地文化当中。在建筑立面上以色彩鲜明、形象生动、字体有利的，具有时代感的大版宣传海报进行装饰，伫立在此空间中，感受文字和图案带来的三线文化冲击力。在景观小品设计方面，主要围绕工业厂区遗留的钢架结构、车间及生产烧结炉、烟囱等工业建筑形成景观主体，同时挖掘和开发当地特有的后工业景观潜在特色，植入工业如齿轮景观小雕塑、扳手座椅等景观设施，如图5-23所示。

（3）其他部分设计。在道路系统规划方面，除保留原车行道、铁路轨道作为观光线路外，还新增车行道，一是连接原有车行道，一级道路宽12米，满足园区内行车要求，形成环路；二级道路宽7米，非机动车道及步行道综合；三级道路宽3米，主要为园区通达的步行道。其中，一级道路在商业区形成环线，形成规划购物消费的主路线。在游憩系统规划方面，采取物尽其用的设计思路，将工业零部件组装后形成特有的休憩设施，如将气体运输管道改造为可供儿童玩耍的小品及坐凳，将集装箱作为改造为移动遮阳屋等。

图 5-23　后工业影视基地部分效果图

3. 农产品产业园

"农，天下之本，务莫大焉。"中国是农业大国，纵观我国历史发现，农业兴旺、农民安定，则国家统一、社会稳定。当前我国的粮食产量连续6年稳定在6.5亿吨以上，农民人均收入较2010年翻一番多，可见农村民生显著改善，乡村面貌焕然一新。即使在脱贫攻坚目标任务已经完成的形势下，我们更要坚定巩固和拓展脱贫攻坚成果。

六盘水地处乌蒙深处，有着"海拔高""耕地少""地破碎""土贫瘠"等农业发展的限制条件。当地政府按照一产转型思路，因地制宜，通过调整农业产业结构，推进12个特色优势产业，夯实农业产业根基，打造现代农业产业体系。"凉都"农业品牌如雨后春笋，如人民小酒、盘州火腿、"弥你红"红心猕猴桃、"水城春"早春茶等。可见，延长产业链条，可以带动农民增产、增收。城市旧工业区的改造调整和转型升级势必要与国家发展战略，城市发展方向相协调。农产品加工产业园，以产业化企业为带动，以地方品牌培育为战略，综合发展农产品展加工、流通服务等二、三产业，实现农业产业链延伸，产业范围拓展，打造让农户共享增值收益的园区。

（1）总体设计。规划地块位于六盘水市水钢片区冶金北路178号，通过走访发现该位置的工业区废弃建筑较多，均已闲置多年，如原家属楼、员工宿舍、教堂授课楼等。围绕六盘水发展优势农业，将农产品产业园规划分为五大区域，分别是产品加工区、货物运载区、亲子互动区、休憩观赏区、农作物种植区，如图5-24所示。通过筛选六盘水的特色农产品：茶叶、土豆片、核桃、猕猴桃等，在规划中让人们充分体会农产品种植、采摘和加工包装的趣味性。再根据作物的种植、采摘和丰收时序，植入相应的创意节日活动，如春时耕种节、趣味采摘节、丰收美食节等。场地内有较大的种植空间可利用，对土壤进行改良后，结合技术人员的专业指导，增加特有的农产品作物，达到景观观赏和体验效果。在产业生产方面，充分利用闲置建筑，改造为农产品加工楼、综合服务楼、农产品展示厅、员工食堂和宿舍等。

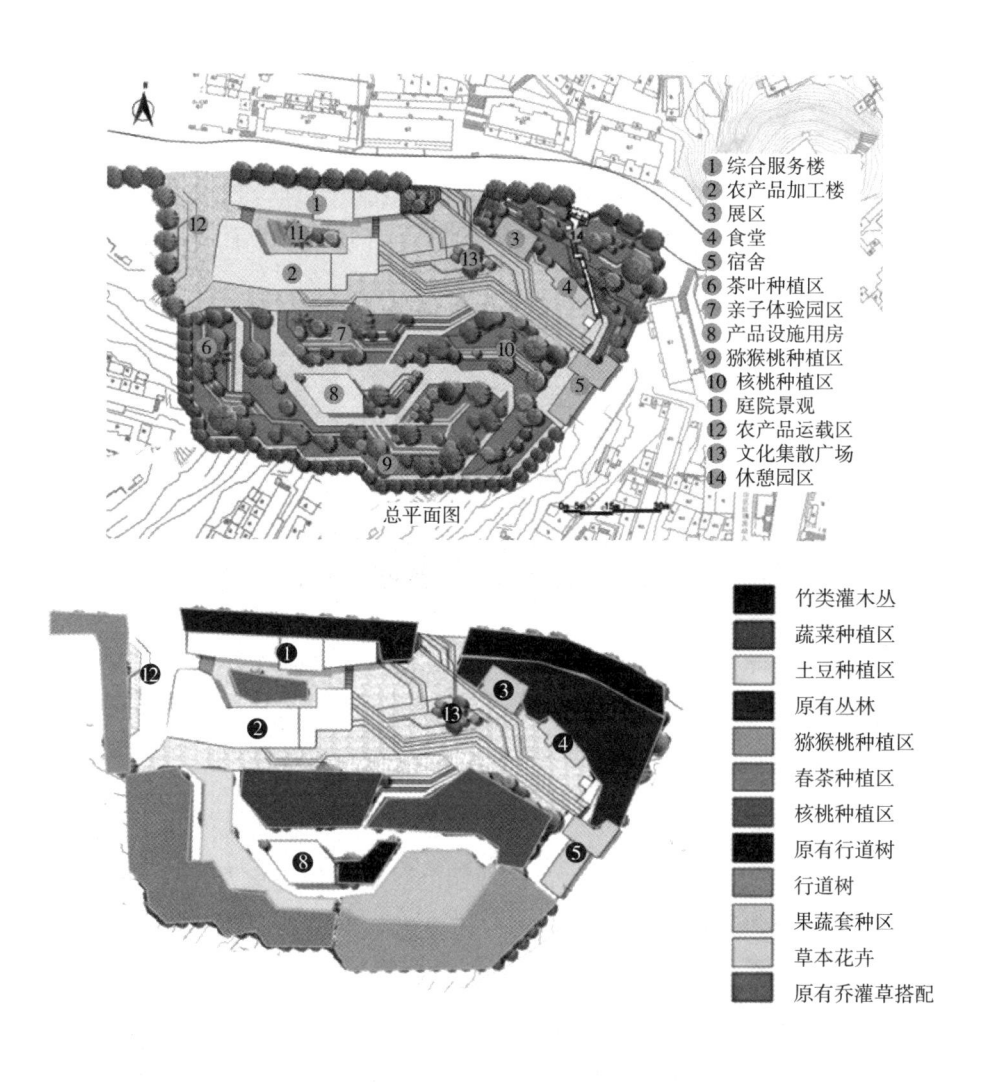

图 5-24　农产品产业园总体布局

（2）线上运营。除常见的线下经营手段外，该规划还提出了趣味的线上运营模式的构想，拟为整个产业园设计一款"农果萌娃记"的App，如图 5-25 所示。在使用该应用程序时，农产品的种植—培育—采摘—加工—包装—运输等情况都可实时监控，人们可以每日进入"农果萌娃记"完成相应的虚拟任务，并获得"金币"；当"金币"累积到一定量数额时，任务根据农作物的生长周期制定，分为播种—成苗—开花—

结果—成熟四个阶段；到达"成熟阶段"后，可兑换产业园的产品。同时，邀请好友加入，也有"金币"奖励。另外，该程序还能实现产业园农产品的自主购买，每个产品都有相应的二维码，消费者可实现追踪溯源。通过趣味应用程序的使用，扩大产业园的影响力，扩大消费渠道，提升经济效益。

图 5-25 "农果萌娃记"界面设计

（3）景观小品设计。农产品产业园的景观小品注重人与景观要素的交互性，不仅要考虑人群现实需求，还要思考市场需求，并且具有一定的艺术性，符合大众审美。在休憩的景观小品上多用石材、木材和钢材，既符合工业风格，又不失实用性。小型装饰性小品采用土豆、猕猴桃等形象的设计，并配合仿真材质，给人以趣味体验。对使用旧机车、废弃工业设备等创作出来的大型装饰性景观小品，则辅以灯光，使老物件再次诞生新的生命力，让它重现光彩，带来强烈的视觉体验。展示小品景观、照明类小品景观造型即采用铁锈红以及经过除锈处理的钢板，文字部分采用电镀凹凸工艺，材质表面的自然肌理与旧工业区十分契合。服务性小品的色彩上使用亮色，如土豆的黄色、茶叶的绿色或者猕猴桃的红色，与工业的灰色进行对比，视觉效果强烈。

二、文化公园的开发

每一座城市都饱含独特的文化,有的体现工业内涵;有的凸显民族底蕴,还有的独具传统建筑韵味。这些文化是城市的魅力,也是城市的精神。

六盘水是三线建设时期发展起来的资源型城市,作为本身历史文化基础较为薄弱的现实,六盘水因工业而兴。可见,六盘水的城市文化的主体就是三线建设时期的工业文化,因此传承工业文化对促进城市发展,增强市民的凝聚力具有重要意义。此外,六盘水的少数民族文化也是丰富多彩的。六盘水市统计局提供的数据显示,六盘水市市区2020年常住人口93.25万人,少数民族人口数为25.66万,占总数的27.52%,其中不乏彝族、苗族、布依族、白族、水族等民族。因此,少数民族这一庞大的群体也是城市建设的重要力量。必须在城市中构筑共有的精神家园,使各族人民团结一心,形成为美好生活共同奋斗的推动力。

对城市旧工业区进行文化公园的改造,充分发挥城市文化的育人功能,采用展览、旅游、宣传等手段,让城市居民和各地游客全方位体会六盘水城市的历史进程和城市特点,实现普及知识、增强体验感、满足文化需求等目的。让六盘水由一座传统资源型工业城市转型成为富有工业精神、民族特色、创新意识的文化之城。

(一)工业文化景观公园

六盘水的工业在很长一段时间内都是城市发展的支柱,在城市历史进程中留下了深深的印记。

三线建设时期的工业岁月印证了六盘水这座城市的成长轨迹,是不可再生的资源,是国家和民族集体回忆的深深凝聚,是城市特色与魅力的体现。旧工业区正是城市工业历史的见证者,也是城市工业的历史文脉。这些场所具有交通便利、工业建构筑物可利用率高、场所气氛浓厚等特征。

通过强化场所气氛、优化场地结构、延续场地精神，结合工业文化公园的改造构想，使之与周边环境融合，适应现代生活需求，提高人们生活质量，更新物质空间功能，继而平衡城市各区域空间的发展态势，促进社会、文化、环境协同成长，焕发勃勃生机。

广东中山岐江公园就是在旧船厂工业遗址上改造而来，通过保留彰显场所精神的工业遗存，如保留船坞、厂房、水塔、铁轨、龙门吊等；再采用创造性的设计语言和形式，如在水塔外部包裹玻璃"皮肤"，增加简洁的艺术装置等具体表现，让整个场地既有时代感，又不乏现代感。

1. 总体设计

在对场地进行充分调研后，总体设计上注重原真性和整体性原则的体现，景观上注重工业元素与现代设计的紧密结合，功能上注重向现代需求的过渡。

利用规划范围内的工作车间、轧钢厂、设备仓库等物质化空间进行功能改造，对周围环境进行景观营造，将其改造为工业文化景观公园，如图5-26所示。

厂房内部功能分为两个室内景观展示空间、原设备展览空间、钢铁作业空间等，详细地布置为体验类、工艺类、钢铁艺术类、创新设计类、平面展示类、科普教学等室内空间；外部空间为公共休闲区域，包括阳光园、铁轨休闲区等绿化景观区。整个公园东北面两个出入口相邻，连接巴西北路；西北面出入口一个，连接厂区内部道路。通过一条自行车慢行路串联整个公园的景观节点，分别是阳光园、时光之忆、历史之轨、工业广场等。

同时，为稳步恢复场地生态环境，在公园整体绿化设计中着重考虑适应性和抗性较强的树种，具体表现在利用乔木划分空间、灌木打造层次、草本营造场地氛围等总体思路。

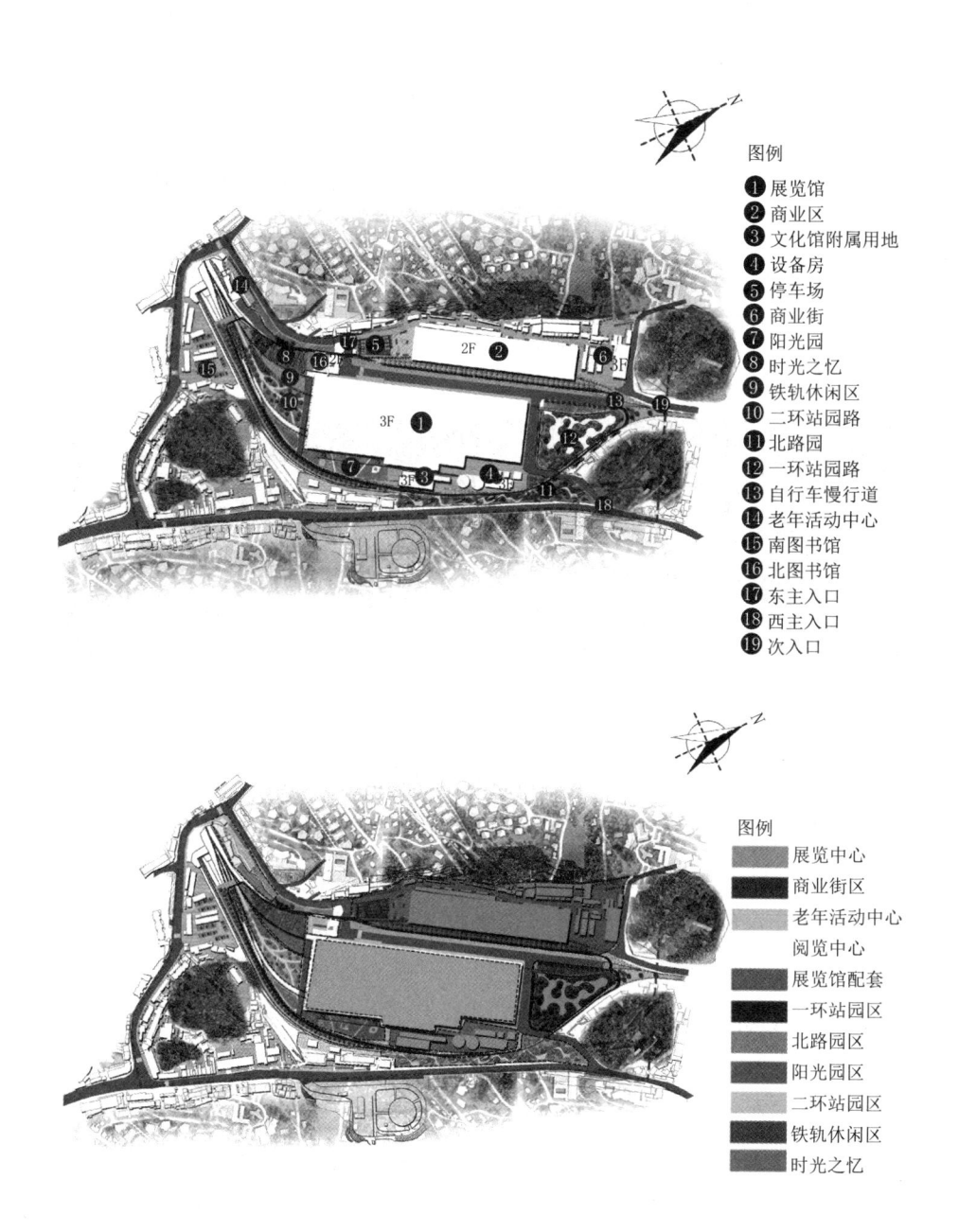

第五章 六盘水旧工业区更新改造的探索

图例
① 展览馆
② 商业区
③ 文化馆附属用地
④ 设备房
⑤ 停车场
⑥ 商业街
⑦ 阳光园
⑧ 时光之忆
⑨ 铁轨休闲区
⑩ 二环站园路
⑪ 北路园
⑫ 一环站园路
⑬ 自行车慢行道
⑭ 老年活动中心
⑮ 南图书馆
⑯ 北图书馆
⑰ 东主入口
⑱ 西主入口
⑲ 次入口

图例
展览中心
商业街区
老年活动中心
阅览中心
展览馆配套
一环站园区
北路园区
阳光园区
二环站园区
铁轨休闲区
时光之忆

图 5-26 工业文化景观公园总体设计方案

2. 建筑布局

公园内的展览建筑共三层，一层主要为炼钢操作的实物展示层；二层主要为趣味体验层；三层是历史纪录片观影层。内部空间具体包括工业设备展示空间、作业操作展示空间以及工业艺术展示、工业艺术创作和体验空间等。此外，利用具有较为开阔和高挑内部特点的建筑，植入乔木，引入绿色元素，不仅能够净化室内空气，还能柔和室内氛围（见图5-27）。

（a）利用开阔、高挑的建筑　　　　　（b）植入乔木，引入绿色元素

图5-27　展览馆内部效果图

3. 景观节点设计

阳光园是利用可践踏草坪和高大乔木，让人们在此处享受阳光的同时，也有可庇荫之所，在此处，可定期举办公园活动，提升场地人气，如图5-28（a）所示。时光之忆是利用耐候钢管材，变形后多次重复形成廊架；阳光照射时，穿梭其中易产生光影变化，从而形成时光隧道之感，如图5-28（b）所示。历史之轨是将场地铁轨与自行车慢行道结合，当人们踏步在铁轨上，仿佛能够感受到机器轰鸣的工作场景；当自行车穿梭在公园中，快速变换的浮雕墙映入眼帘，似历史幕布的不断变化。工业广场是以煤块为构思来源，进行演变，遂形成互相交错的几何体。采用耐候钢板材打造其造型与弧状的条形座凳结合，形成工业特征明显的景观小品。

(a)阳光园

(b)时光之忆

图 5-28　部分景观节点效果图

4. 其他部分设计

按照乔木划分空间、灌木打造层次、草本营造场地氛围等绿化总体思路，该工业文化公园采用银杏和枫杨作为行道树；红叶石楠和金叶女贞适应性较强，可作为绿篱使用；采用对二氧化硫等有害气体有抗性的花卉植物，如月季、杜鹃、桂花、樱花、海棠、紫薇等，来装饰空间、改善环境。

（二）工业文化生态公园

城市旧工业区的环境恢复一直是城市建设的重点议题，其生态改善不仅为场地周边市民营造高品质的居住、生活环境，也为城市自然生态环境空间提供了逐步改善的可能性。由山东省东营市孤岛镇的工业遗产生态公园，提出"核结构模式"的设计概念，核心区域决定场地的未来发展方向，这与地质情况有关；内轨区包括核心区，为自然生物的主要活动范围，是向外轨区的过渡带；外轨区为市民活动的主要范围，确保人活动的同时不影响自然生态。通过划分区域，再结合植物和人为预留性设计，达到修复生物栖息地，提高生物多样性和改善工业区生态环境的目的。

1. 总体设计

本次的工业文化生态公园设计构想，是通过生态景观修复的方式逐步改善水城钢铁厂片区的环境。初期的设计目标是修复生态系统的结构和功能，进而提高生态系统生产力和稳定性；在生态系统持续稳定时，实现基本的、相对的生态平衡，并在最终与周围的景观环境协调，从而达到生态环境的整体性和稳定性。通过对水城钢铁厂片区生态景观要素指数调查分析发现（见表5-1），规划区域内的草地和灌木林地的平均斑块面积基本不变，而斑块密度有所增加，这也说明了其破碎化程度较大，受人为干扰的程度也越大，景观趋于简单化。此外，建筑斑块数在减少，道路和铁轨斑块数无变化，草地的斑块数变化较小，灌木林地的面积和斑块数有小幅度增加。由此得出建筑景观要素类型的变化远远高于其他生态景观要素类型的变化，这说明人们开始干预和改造原有的生态景观格局。综合表5-1的数据和对相应数据的分析得出，水钢片区的景观遭到了严重的破坏，其中绿地系统严重的破碎化、硬质景观系统聚集化表现明显。对此，采用的主要设计手法为改良项目场地的状况，去污清渣；利用雨水花园净化水质，并实现水的循环利用；功效性植物的配置栽植，降低空气污染指标、降解土壤中的污染元素。通过一系列的方法，分步分阶段地恢复土壤、植物、生物多样性，实现场地的可持续发展。

表 5-1 不同时期水钢各生态景观要素类型指数统计表

指数	年份	建筑	道路	铁轨	草地	灌木林地
斑块数（PN）	2004 年	33	1	1	7	4
	2013 年	21	1	1	8	11
斑块平均面积（AREA-MN）	2004 年	101 332	21 947	23 356	13 289	35 177
	2013 年	161 917	21 947	23 356	15 414	42 416
斑块密度（PD）	2004 年	0.003 3	0.000 05	0.000 04	0.000 5	0.000 1
	2013 年	0.000 2	0.000 05	0.000 04	0.000 5	0.000 3
边界密度（ED）	2004 年	0.071	0.11	0.17	0.14	0.05
	2013 年	0.063	0.11	0.17	0.17	0.11
分维数（PAFRAC）	2004 年	1.21	1.28	1.4	1.28	1.14
	2013 年	1.30	1.28	1.4	1.35	1.32

2. 场地空间策略

一是充分利用场地周边绿地系统资源优势，贯通水钢绿地空间，完善水钢绿地系统。目前场地植物主要以耐污染、耐寒的本土植物为主，植被面较广，但是植被茂密区域较少。结合场地线性特征，通过植被连接、乔灌草种植，以填补水钢现有绿地与厂区的空间关系与景观空缺，如图 5-29 所示；二是整合设计场地内的道路绿地及现有零碎绿地，同慢行系统连接从而增加绿地景观的联系性和打破固定单一的空间界定，形成相互联系、关系密切的开放性空间；三是在规划范围内空地上新增绿地，同时赋予场地功能性，以满足民众的游玩需求，同时改善工业生产给环境带来的污染问题。

图 5-29 部分场地空间效果图

3. 雨水收集利用

通过勘查，一方面场地中部的地势较为平坦，东西南北方向的地势较为陡峭；另一方面与市政管网布置和雨水流向保持一致。当前范围内共设置雨水收集处十三处，多集中在场地陡峭处和平坦区域的接壤处，包括生态渗透池、雨水花园、下凹式生态绿地和道路雨水滞留区等，如图 5-30 所示。在生态渗透池中，设有草植过滤带、防护带、滞留区、护根覆土层、生态滞留土层；下凹式生态绿地中，主要设置下凹地形，种植草灌木，雨水径流通过有组织的汇流与传输到达下凹地形中，再经过层层过滤汇入生态滞留区域；雨水花园对污染物净化作用较大，可以有效过滤降水径流中的有机污染物、重金属离子、悬浮颗粒、垃圾等有害物质。通常结构从上至下为蓄水层、覆盖层、土壤层、砂层、砾石层，同时在底部设置穿孔管来收集雨水。这些雨水收集利用设施，通过合理的植物配置，可以调节局部温度和湿度，并为生物提供栖息地。

图 5-30　部分雨水收集利用效果图

4. 植物设计部分

在乔灌木的选择上以乡土植物为主，如银杏、香樟、女贞、枫香、海桐、洒金珊瑚、八角金盘、桂花、紫叶小檗等。再根据其功能性的差异，种植在合适的空间中，以形成景观环境的多样性，并能够更好地发挥植物的生态功能。草本花卉以特色植物为主，提升景观环境的观赏性，如金盏菊、红花酢浆草、金鸡菊、芦苇、香蒲和菖蒲等。

三、老旧工业区周边社区更新

社区是组成城市的基本单位，在旧工业区的特殊背景下，这类社区在企业的建设开发中产生。由于建设年代久远，建造时期相关规范和行业要求的局限性，虽然在社区内部空间相对完整又独立，但是在基础设施、配套功能、景观绿化、交通路网、建筑等方面都存在一些问题。面对这种情况，盲目拆建式的更新手法为追求短期的经济利益，忽视城市专属的历史、记忆、空间、文化等要素的积淀，而造成城市肌理新旧冲突的扩大化，"微更新"的理念和方法应运而生。学者虽然对于"微更新"的定义不同，但核心观点基本一致。最终目的是改善、提升基础环境，激发城市活力，前提是保存原场地的关键要素，如文脉、肌理、历史等，方法是对发生问题的关键部位进行针对性的修补与改造、保护与修缮。可见，"微更新"关键是要有全局意识，科学的"诊断"依据和精准的整治办法。特别是在欧洲的工业热潮退去后，内城出现大量环境品质低下、弱势群体（无家可归者）聚集、基础设施薄弱的老旧社区。在德国柏林，政府认为可以通过小规模的"微更新"方式进行改变。城市老旧工业区拥有不可比拟的历史财富和文化底蕴，周边社区一同见证了他们的成长、巅峰和衰败。作为历史的见证者，人们往往忽视了社区改造和更新的迫切性和必要性。通过现场勘察、资源整合、合理更新的手段，以新的发展思维对旧工业区周边社区的更新改造目标、手段进行重新树立和调整，以求形成二者相融合的长远发展。

（一）三块田社区

三块田社区在首钢水城钢铁（集团）公司的支持下建设完成，位于三块田村大海坝地区，它是在水钢建厂后由十三个自然村寨居住地点共同组成的。目前，三块田社区属于城中村。通过实地勘察发现，该社区地形起伏较大，最低处海拔在1 850米左右，最高处海拔在1 990米左右。社区北部现有农地呈阶梯状，种植蔬果。在建设初期缺少科学合理的规划意识，导致社区建筑密集，建筑高度不统一，建筑色彩无控制指导，部分建筑采光较差。配套设施较薄弱，绿化效果不显著。在多次走访社区后，发现三块田社区外来人口居多，且具有一定劳动力的25～50岁人口大致为半数左右。在实现最小改动手法的更新中，尽力补足社区缺陷，提高社区场地利用率，将环境治理、资源开发、体验多元化等诉求与三块田社区特征有机结合，促进邻里交往，凝聚社区精神，打造品质社区，延续山水绿脉，如图5-31所示。

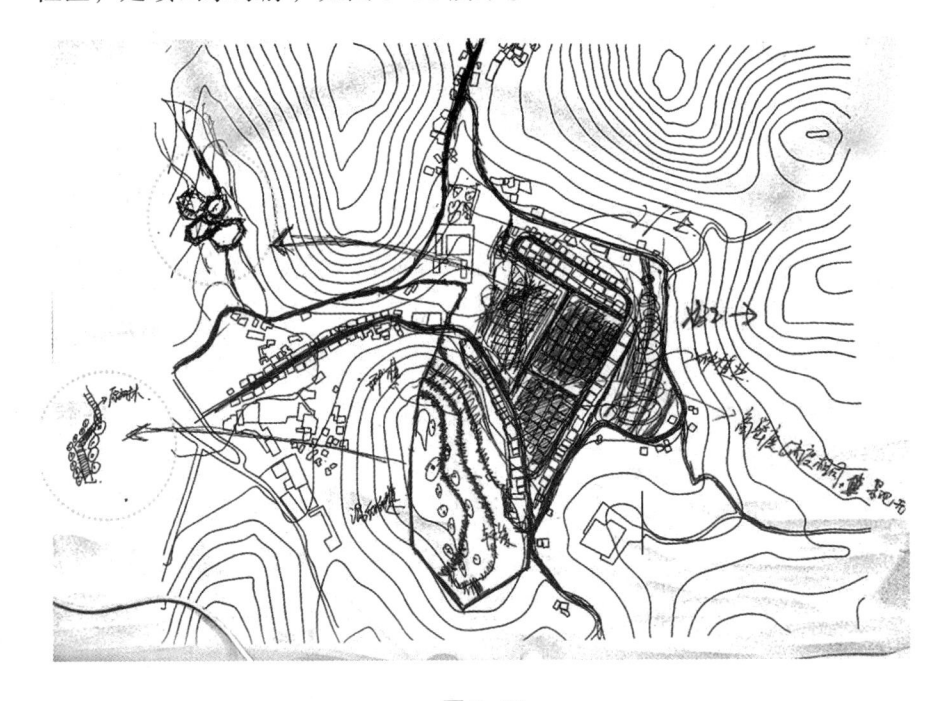

图5-31

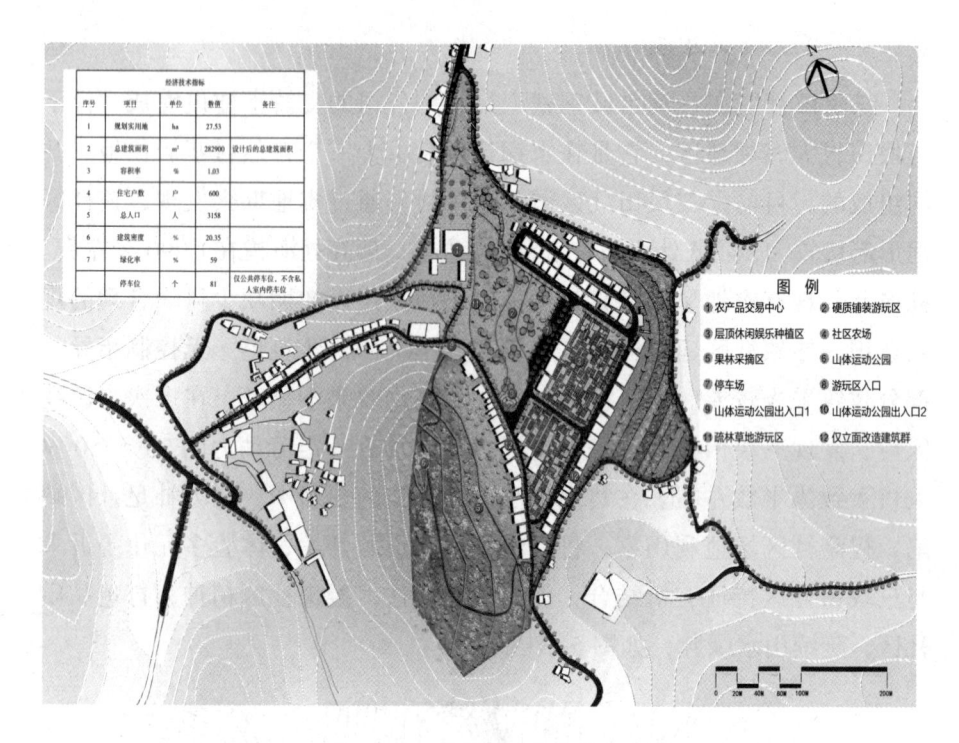

图 5-31 三块田社区总体规划

1. 建筑方面

根据社区建筑情况，首先形成整体的建筑色彩控制。主色调以灰色为主，同时在建筑山墙两面增加红色。用灰色诉说钢铁的历史，用红色点燃文化的激情，使三块田社区建筑立面色彩统一，塑造整体风貌上的协调。其次充分利用部分建筑的屋顶空间，打造共享社交圈，最终形成屋面社交网络。在考虑人身安全和建筑安全的前提下，设有露天交谈区、蔬菜种植区、景观观赏区等。

为满足屋顶功能区域的划分，要提高屋面的防水能力。除防水材料的铺设外，还需设置多种粒径的颗粒材料，以此形成透水性较好的"排水层"；开凿一定数量孔洞的 PE 管道，同时增加黄沙垫层，不仅减少种植土的堵塞风险，还可延长排水系统的使用寿命。植物种植是屋顶绿化的又一关键，植物尽量采用侧根系植物，屋顶要铺设耐根防穿刺的有机复合材料卷材，留有植物根系定期修剪的格栅层等方式。此外，要满足相关规范要求，在屋顶加设防护墙和防护栏杆；并加装监控设备，实时监控屋顶状况。

最后做到分区而动，有效解决不同问题。北部半沉降式建筑依山而建，对不适宜居住的沉降部分空间，改设成停车场，缓解乱停乱放堵塞交通现象；东部的建筑区，采光条件较好，此区域建筑可加固结构，修复立面，增加绿化；面对中部区域建筑采光不足的情况，在不影响建筑承重的前提条件下可以扩大窗洞面积或增加开窗数量。

2. 空间功能方面

老旧居住区的布局紧凑，历史发展痕迹明显，开敞空间较少，导致人群日常活动需求的满意度低，消防集散功能也有所缺失。为弥补这一不足，可有选择性地对社区中的废弃建筑进行拆除，开拓为绿地活动区域。使用可践踏草坪，点缀高大乔木遮阴，并利用不同材质的铺装进行特定活动场地的划分；而开敞的绿地也可为消防提供畅通的操作空间。

三块田社区受地形影响，东西方向为自然山体。由于管理维护意识不强，居民自行开垦现象较为普遍，但覆盖率低，缺少技术指导，作物长势一般。实际上该社区两处山体坡度较缓，日照面积均匀，既有良好的人行条件，又具有种植的优势。

社区农场作为一种新的社区运营模式，既满足居民的种植愿望，又可实现社区生态良性的发展，如图5-32所示。在更新规划的构想中，充分考虑社区的地形优势和六盘水的气候条件，在山地处种植樱桃、李、刺梨等经济树种；在缓坡处种植蔬菜，如辣椒、茄子、西红柿等。后期由社区自主管理，政府提供技术支持，逐渐打造成具有社区特色的农业运营状态；林下打造环形栈道，做到花期观花、果期采果，平时用作运动步道，形成良好的模式经济模式。

2. 疏林草地休闲区
疏林草地区，种植大树供乘凉。利用蜂窝结构设计坐凳树池，每个结构没设置不同的设施，一些用作绿化，一些用作儿童游乐设施，是居民们平时休闲娱乐之处。

1. 产品销售交换区
工作间歇时间可在此处休息。临近疏林草地区。

3. 果林运动公园区
果林运动公园是利用荒山改造，种植经济果林，修建木栈道，供居民晨练。既能得到经济增收，景观观赏，又能丰富居民的生活。

4. 建筑改造更新区
中部建筑区的改造。与周边建筑改造，街道改造，中部屋顶休闲区，生态街道区，其他建筑立面改造，形成整体风貌，绿化种植，建设自然和谐社区。

5. 社区农场体验区
社区农场，根据季节种植蔬菜，可供社区居民使用，也可以用作对外的亲子体验，还可以进行售卖。

图5-32 三块田社区功能布局图

3. 社区治理方面

历史场所的社区更新不仅包括硬件方面的革新与改造，如公共空间、老旧建筑、公共设施、居住环境等；还包括软质层面的保护与复兴，如文化、历史文脉等。社区作为众多利益主体的聚居处，势必要迎合多方的需求。因此，在社区治理中采用"共同缔造"理念，吸引各主体共同参与。一是获取各方利益主体的需求信息，调查社区发展短板，并经过访谈、研讨与协商等方式由规划师形成落地性强的更新方案，实现统一的社区发展目标，从而达到"决策共谋"。二是以更新方案为指引，分阶段、步骤、片区来进行社区差异化的"发展共建"模式。三是为确保建设的有效性和可持续性，建立健全社区治理制度，形成完整的治理体系，涵盖居民组织、管理制度、居民公约等方面，完成"建设共管"。四是在社区内产生的物质和社会空间、产业、社区氛围等利益为全体社区居民集体享有，以此达到"成果共享"。

4. 排水系统方面

三块田社区道路排水系统较为薄弱，雨季常出现因排水不畅导致的社区内涝。解决措施包括完善社区道路雨水系统和污水系统，将其有组织地收集后排入市政管渠；在排水不合理的地段，进行雨污系统改造，以满足排水畅通的要求；修复部分排水设施，如排水管、雨水口、井盖板等；铺设透水铺装、过滤带；修缮社区道路地形等。

（二）八冶社区

六盘水八冶社区位于荷城街道办事处北边的十里钢城内，与国家在1966年7月组建中国第八冶金建设公司有着密切的关联。通过走访调查，虽然八冶社区15分钟的车程内，各类设施比较完整，包括行政、教育、体育、医疗、游乐、商业、交通等，但是仍然存在不少问题。对此，结合产业和环境困境，利用独特文化和空间，为城市提供较低成本的居住和创新空间；以租住为主体媒介，营造居创混合社区，创造良好社区氛围、激活社区活力、提升社区环境质量。社区更新设计遵从可持续发展原则、经济效益原则、保护协调原则，以人为本，重视社区街巷空间的恢复；以创客效益为支点，撬动社区自有产业；以"水钢"文化为指引，协调保护与再生的关系；以"一次规划、分步建设、动态调整、逐步到位"的方式，践行可持续的良性社区发展。

1. 具体设计内容

一是对绿化状况进行梳理，打造良好的植物层次关系。再运用石板、石槽、红砖、陶罐、石磨、钢构件、工业零件等富有乡土气息和工业元素的材料，配合灌木、草本花卉，营造出一定的景观效果，如图5-33所示。对八冶社区景观采用柔和边界、塑造细节的方式提升景观空间品质。二是社区建筑墙面剥落严重，加之后期建设的商铺在社区整体风貌上统一性较差，阶段性痕迹明显。通过提炼社区历史、地域特点、特色文化等元素，确定整体基调的色彩，避免采用过于对比鲜明的色彩，以此控制色彩；同时禁止采用大面积金属材料、反光材料、马赛克和玻璃幕墙，应在细节上进行微调，使用现代设计手法与社区建筑相协调。三是完善街巷系统，包括消防通道、街巷空间、导视设计、"城市家具"、排水设施、照明等。四是创客中心改造，为了吸引创业人群入驻社区，构建集学习、创业、工作、居住、社交、消费于一体的功能建筑。

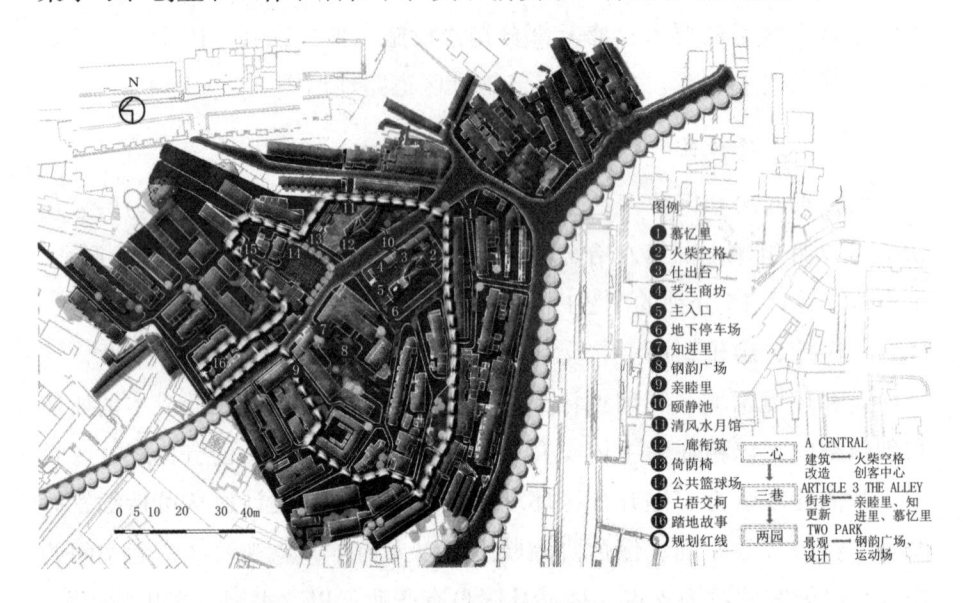

图 5-33　八冶社区更新设计总体布局图

2．"城市家具"专项设计

座椅：灵感来源为工业零件螺帽和扳手，经过简化提取几何形状，根据场地需求进行组合。材料上采用耐候钢板和木材的拼接形式，保留工业风特征，契合人体舒适度要求。指示牌：根据煤矿洞口形状简化提炼，结合挖掘工具榔头的造型，依旧沿用钢材、木材、石材的材料，组建成指示牌的样式。景观墙：选取特征明显、造型独特的工业废料镶嵌进砖石砌体内，使其表面产生高低错落的视觉效果；结合现代工艺，制作铜质浮雕墙，画面展示炼钢场景。路灯：提取盘旋上升的线条、生机无限的树叶作为设计元素，结合不锈钢材质，打造成优美，具有力量感的街巷路灯。

3. 社区运营

八冶社区规划的重点是创客中心的改造，而创客空间有效提升了创新成果商业化的效率是国家、区域、产业以及企业发展的有效支撑。因此，改造完成不是重点，如何实现创客中心的持续运营才是重点。这为社区可持续、动态的发展，实现活力的营造。八冶社区依靠创客中心，吸引创业者及初创企业的入驻。盈利方式主要包括向创业者收取会员费和办公空间、居住空间或设备的租金；如果后期社区发展较好，可为创业者提供有效资金保障，那么通过对创客的创新成果进行产权分配也可获得盈利。想要实现这一目标，社区需要提供综合性的商业化服务，并形成"创客空间打造—创新成果商业化—创客空间收益提升—创客入驻人数增多—创新成果商业化增多—创客空间收益增加"的良性循环，如图5-34所示。

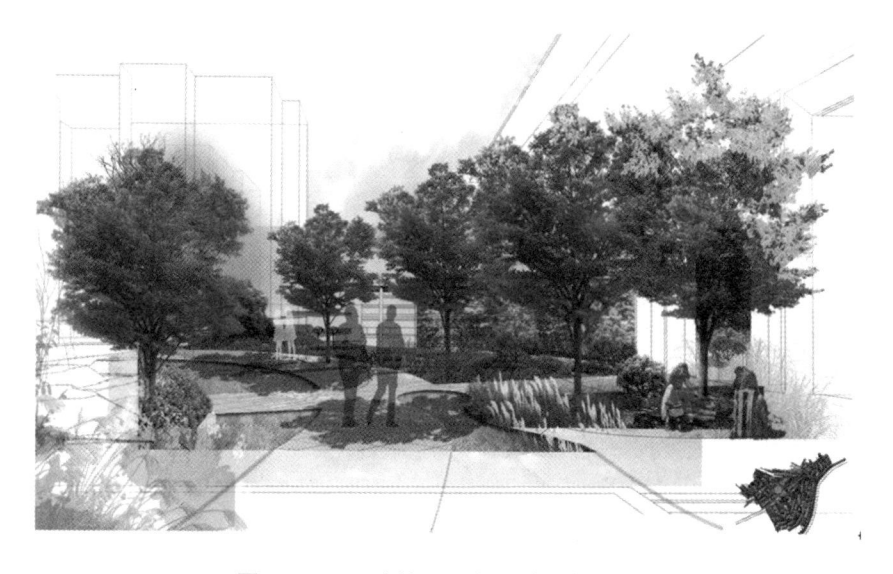

图 5-34　八冶社区更新设计局部效果图

参考文献

参考文献

[1] ANA S. Industrial Culturescape: territory as Context[J]. Ecology and the Environment, 2018（227）: 237–246.

[2] CALVIN J, MAX M. Blaenavon and United Nations World Heritage Site Status: Is Conservation of Industrial Heritage a Road to Local Economic Development?[J]. Regional Studies, 2001, 35（7）: 585–590.

[3] DENNIS E, JULIAN K, TIMO W, MELVIN S, OLAF K, FRANK D.Immersive VR experience of redeveloped post-industrial sites: The example of "Zeche Holland" in Bochum-Wattenscheid[J]. KN-Journal of Cartography and Geographic Information, 2019（69）: 267 – 284.

[4] ROMEO E, MOREZZI E, RUDIERO R. Industrial Heritage: Reflections on the Use Compatibility of Cultural Sustainability and Energy Efficiency[J].Energy Procedia, 2015（78）: 1305–1310.

[5] FRANZ T. Like phoenix from the ashes? The renewal of clusters in old industrial areas[J]. Urban Studies, 2004, 41（5）: 1175–1195.

[6] GRECO L, MARIADELE D F. Path-dependence and Change in an Old Industrial Area: The Case of Taranto, Italy[J].Cambridge Journal of Regions, Economy and Society, 2014, 07（3）: 413–431.

[7] JASNA C, JUDITH P, WOLFGANG F. Industrial Heritage as a Potentia for Redevelopment of Postindustrial Areas in Austria[J].ACEG+, 2014（2）: 52–62.

[8] LAURENCE F. G. Industrial Heritage and Deindustrialisation: The Challenge of Our Future[J]. Australasian Historical Archaeology, 1993（11）: 118–119.

[9] LUČKA LORBER. Holistic Approach to Revitalised Old Industrial Areas[J]. Procedia –Social and Behavioral Sciences, 2014（120）: 326–334.

[10] LOURES L, PANAGOPOULOS T. From Derelict Industrial Areas towards Multifunctional Landscapes and Urban Renaissance[J]. WSEAS Transactions on Environment and Development, 2007, 3（10/12）: 181–188.

[11] MYRIAN J V. Industrial Heritage: A Nexus for Sustainable Tourism Development[J]. Tourism Geographies, 1999（1）: 70–85.

[12] MICHAEL Riha. Parc Andre Citroen South of Paris France Landscape Architects:

Gilles Clement and Alain Provost[J]. LIVROS E REVISTAS, 2004（9）: 106-213.

[13] 董丽晶. 老工业城市产业转型的就业空间响应 [M]. 北京：中国社会科学出版社，2014.

[14] 贵州省地方志编纂委员会. 贵州省志煤炭工业志 [M]. 贵阳：贵州人民出版社，1989.

[15] 贵州省六盘水市地方志编纂委员会. 六盘水三线建设志 [M]. 北京：当代中国出版社，2013.

[16] 哈静，徐浩铭. 鞍山工业遗产保护与再利用 [M]. 广州：华南理工大学出版社，2017.

[17] 胡攀. 工业遗产保护与利用的理论与实践研究——来自重庆的报告 [M]. 成都：四川大学出版社，2019.

[18] 林兴黔. 贵州工业发展史略 [M]. 成都：四川省社会科学院出版社，1988.

[19] 六枝矿务局. 六枝煤矿志 [M]. 贵阳：贵州新华印刷厂，1987.

[20] 六枝矿务局地宗选煤厂. 地宗选煤厂厂志 [M]. 六盘水：六盘水市日报印刷厂，1992.

[21] 六盘水市地方志编纂委员会. 六盘水大事记（619-2013）[M]. 北京：当代中国出版社，2015.

[22] 李再勇. 六盘水史话 [M]. 北京：社会科学文献出版社，2014.

[23] 陆军. 城市老工业区转型与再开发：理论、经验与实践 [M]. 北京：社会科学文献出版社，2011.

[24] 联合国教科文组织世界遗产中心. 国际文化遗产保护文件选编 [M]. 北京：文物出版社，2007.

[25] 盘县煤炭局. 盘县煤炭工业志 [M]. 昆明：云南人民出版社，2017.

[26] B.A.拉夫洛夫. 大城市改建 [M]. 李康，译. 北京：中国建筑工业出版社，1982.

[27] 西村幸夫. 再造魅力故乡——日本传统街区重生故事 [M]. 王惠君，译. 北京：清华大学出版社，2007.

[28] 中共水钢（集团）有限责任公司委员会. 水钢发展史（1966-2000）[M]. 六盘水：水钢报社印刷厂，2002.

[29] 北京市石景山区委会. 石景山工业文化遗产 [M]. 北京：北京日报出版社，

2018.

[30] 左琰,朱晓明,杨来申.西部地区再开发与"三线"工业遗产再生——青海大通模式的探索与研究[M].北京:科学出版社,2017.

[31] 赵锦.基于特色城市构建视角下的旧工业区改造与更新设计研究[D].济南:齐鲁工业大学,2019.

[32] 杨茹岚.基于多元主体参与的工业遗产保护与再利用策略研究[D].苏州:苏州科技大学,2016.

[33] 张琳琳.基于城市设计策略的城市旧工业区更新[D].西安:西安建筑科技大学,2007.

[34] 赵博涵.城市旧工业区空间形态演变研究[D].哈尔滨:东北林业大学,2012.

[35] 董丽晶.老工业城市产业转型与就业变化研究[D].长春:东北师范大学,2008.

[36] 李一曲."三线城市"老工业区改造规划研究[D].武汉:武汉理工大学,2013.

[37] 周陶洪.旧工业区城市更新策略研究[D].北京:清华大学,2005.

[38] 程秀龙.毛泽东与三线建设[J].党史文汇,2013(12):16-25.

[39] 王成金,王伟.中国老工业城市的发展状态评价及衰退机制[J].自然资源学报,2013,28(8):1275-1288.

[40] 中国工业遗产保护论坛.无锡建议——注重经济高速发展时期的工业遗产保护[J].建筑创作,2006(8):195-196.

[41] 刘伯英,李匡.工业遗产的构成与价值评价方法[J].建筑创作,2006(9):24-30.

[42] 张健,隋倩婧,吕元.工业遗产价值标准及适宜性再利用模式初探[J].建筑学报,2011(S1):88-92.

[43] 于淼,王浩.工业遗产的价值构成研究[J].财经问题研究,2016(11):11-16.

[44] 于磊,青木信夫,徐苏斌.工业遗产价值评价方法研究[J].中国文化遗产,2017(1):59-64.

[45] 孙俊桥, 孙超. 工业建筑遗产保护与城市文脉传承[J]. 重庆大学学报（社会科学版）, 2013, 19（3）: 160-164.

[46] 唐燕. "新常态"与"存量"发展导向下的老旧工业区用地盘活策略研究[J]. 经济体制改革, 2015（4）: 102-108.

[47] 严若谷. 快速城市化地区的城市工业空间演变与空间再生研究——以深圳旧工业区升级改造为例[J]. 广东社会科学, 2016（3）: 44-51.

[48] 张黎明, 薛冰, 姜淼, 耿涌, 任婉侠. 老工业区城市功能的生态化路径评价——以沈阳为例[J]. 生态科学, 2014, 33（3）: 467-473, 501.

[49] 黄楚梨, 吴丹子. 风景园林驱动下的老旧工业区转型[J]. 工业建筑, 2019, 49（11）: 38-42.

[50] 董良, 李超, 李兵营. 城市旧工业区改造与更新初探[J]. 青岛理工大学学报, 2009, 30（6）: 61-65.

[51] 阳建强, 罗超. 后工业化时期城市老工业区更新与再发展研究[J]. 城市规划, 2011, 35（4）: 80-84.

[52] 罗超, 阳建强. 一般性工业地段的整体更新策略探讨——以杭州重型机械厂改造方案为例[J]. 华中建筑, 2011, 29（10）: 103-107.

[53] 邓艳. 基于历史文脉的滨水旧工业区改造和利用——新加坡河区域的更新策略研究[J]. 现代城市研究, 2008（8）: 25-32.

[54] 何山, 李保峰. 武汉沿江旧有工业区更新规划初探[J]. 华中建筑, 2001（1）: 92-94, 103.

[55] 张燕. 首钢老工业区更新改造面临的问题及策略研究[J]. 城市发展研究, 2015, 22（5）: 12-17.

[56] 葛永军, 邱晓燕, 王飞虎, 范钟铭. 深圳市南山区旧工业区更新改造规划研究方法与实践[J]. 城市发展研究, 2013, 21（8）: 113-117.

[57] 徐颖, 崔昆仑, 朱光慧. 城市老工业区更新的策略研究[J]. 建筑设计管理, 2011, 28（6）: 69-72.

[58] 胡源, 肖婵, 李正武, 王必涛, 郭培金. 六盘水城市旧工业区建筑改造设计[J]. 住宅与房地产, 2021（07）: 94-95, 135.

[59] 李劭杰. "双创"政策引领下的厦门旧工业区微更新探索[J]. 城市规划学刊,

2018（S1）：82-88.

[60] 李如贵，池晓星，林观众. 新型城市发展观视角下的旧工业区块更新策略——以温州市城市核心区工业区块改造专项规划为例[J]. 规划师，2014，30（S3）：208-212.

[61] 赵倩. 旧工业区更新模式研究——以郑州高新区东南片区有机更新为例[J]. 中国高新科技，2018（20）：9-11.

[62] 黄燕. 法国城市旧工业区更新的公共政策研究——以里昂维斯地区为例[J]. 现代城市研究，2008（6）：29-34.

[63] 周婷，MIQUEL VP. 巴塞罗那波布雷诺旧工业区更新策略探析[J]. 住区，2013（3）：138-145.

[64] 陈可石，杨志德. 旧工业区更新的城市设计研究——以德国杜伊斯堡内港为例[J]. 内蒙古师范大学学报（自然科学汉文版），2017，46（2）：230-235.

[65] 阳建强，罗超. 后工业化时期城市老工业区更新与再发展研究[J]. 城市规划，2011，35（4）：80-84.

[66] 郑淇，邓溥鋈. 生长的景观——孤岛镇石油工业遗产生态公园设计[J]. 城市住宅，2020，27（12）：42-48.

[67] 季松. 消费时代城市空间的体验式消费[J]. 建筑与文化，2009（5）：68-70.

[68] 吴昊，肖婵，赵娜，覃启郡，杜梦. 民族文化元素与城市旧工业区更新设计融合应用探究——以六盘水水钢工业片区为例[J]. 城市住宅，2021，28（2）：123-124.

[69] 单霁翔. 城市文化建设与文化遗产保护[J]. 中国文物科学研究，2007（2）：1-7.

[70] 朱育帆. 辰山植物园矿坑花园，上海，中国[J]. 世界建筑，2017（9）：96-97，129.

[71] 孟凡玉，朱育帆."废地"、设计、技术的共语——论上海辰山植物园矿坑花园的设计与营建[J]. 中国园林，2017，33（6）：39-47.

[72] 姜四清，张庆杰，赵文广. 德国鲁尔老工业区转型发展的经验与借鉴[J].

中国经贸导刊，2015（10）：41-44，54.

[73] 陈可石，杨志德.旧工业区更新的城市设计研究——以德国杜伊斯堡内港为例[J].内蒙古师范大学学报（自然科学汉文版），2017，46（2）：230-235.

[74] 温婷婷.遗产廊道视角下胶济铁路沿线城市旧工业区空间结构研究[D].济南：山东建筑大学，2019.

[75] 丁一巨，罗华.后工业景观代表作——德国北杜伊斯堡景观公园解析[J].园林，2003（7）：42-43，64-65.

[76] 刘小慧，刘伯英.法国北部加莱海峡采矿盆地申遗档案研究[J].城市建筑，2018（1）：46-51.

[77] 芳汀.苏荷（SOHO）——旧城改造与社区经济发展的典范[J].城市问题，2000（4）：36-41.

[78] 杨锐.从加拿大格兰威尔岛的景观复兴看后工业艺术社区的改造[J].现代城市研究，2009，24（12）：51-56.

[79] 俞孔坚，庞伟.理解设计：中山岐江公园工业旧址再利用[J].建筑学报，2002（8）：47-52.

[80] 骆高远.我国的工业遗产及其旅游价值[J].经济地理，2008（1）：173-176.

后记

后记

20世纪60年代中期,党中央做出的"调整一线,建设三线"的战略决策,让六盘水从西南边远城市转而成为西南三线建设的主要煤炭基地。1965年5月,时任煤炭部部长的张霖之指出"煤炭工业以西南为重点,西南又以贵州为重点,贵州又以六盘水为重点"。正是这一次千载难逢的建设机遇,六盘水从此开始书写崭新的历史。面对国家这一重大战略决策,喊着"好人好马上三线,备战备荒为人民"的口号,几十万援建人员浩浩荡荡从条件优越的一、二线城市来到大西部安营扎寨。据煤炭部原副部长、六盘水地区工业挥部原党委书记钟子云回忆道,单煤炭方面调进六盘水煤矿基建的队伍达63 000人,加上当地的民工队伍,总计达10万人。就是这样一群人,他们扎根西部,奉献一生的青春和热血,为祖国安定添砖加瓦,为民族复兴铺路架桥,成为三线建设时期最美的奉献者,深刻诠释了"艰苦创业、无私奉献、团结协作、勇于创新"的三线精神。

本书是在我国开启产业结构调整,并开始逐步实施对衰落的老旧工业区的更新再利用和日益重视我国旧工业区承载的历史文明及文化内涵的教育意义的背景之下完成的。在"十四五"规划的开局之年,由国家多个部门印发的《"十四五"支持老工业城市和资源型城市产业转型升级示范区高质量发展实施方案》,即聚焦产业结构调整、城市更新改造和绿色低碳转型等三项重点,来提高旧工业区的发展活力和老工业城市竞争力。在社会发展背景和国家政策的推动下,贵州省发展改革委印发的《贵州省"十四五"特殊类型地区振兴发展规划》,强调了对旧工业区的改造升级和对工业遗产的保护利用。六盘水坚持把传统产业改造提升与新兴产业培育相结合。作为贵州省唯一的国家创业转型升级示范区,六盘水一直以来践行绿色路径、转变发展方式,不断探索资源城市的成长之路。笔者以此为研究背景,并结合自身专业研究特点和工作性质,对六盘水市境内的三个旧工业区和若干处工业遗产核心物项进行调查。笔者认为旧工业区的更新与改造要以"保护"为前提,再对物质性和非物质性工业遗存梳理完成后,思考如何让旧工业区实现合理更新,确保旧工业区经济的复苏、环境的改善、居民生活质量的提高，最终延续城市文脉、塑造城市特色、激发城市活力，从而巩固拓展脱贫攻坚成果。

旧工业区的更新与改造研究内容多，三线建设历史涉及面广，由于笔者研究能力和学术造诣上的局限性，本书可能存在很多不足之处，敬请各位读者批评指正。笔者对于城市旧工业区的更新与改造设计仍将继续深入学习和研究，以期为六盘水旧工业区转型研究略尽绵薄之力。

从课题研究到书籍出版，在此过程中受到首钢水城钢铁（集团）有限责任公司、六枝工矿（集团）有限责任公司、六枝工矿资产管理公司等部门领导的大力支持；同时还得到六盘水师范学院和六盘水三大旧工业区相关工作人员的无私帮助，在此一并怀着感恩的心道一声"谢谢"！特别感谢张龙先生和张亦哲同学，对我研究工作的理解和鼓励；感谢六盘水师范学院有关领导和土木与规划学院的各位领导和同事，感恩艾德春、陶勇、段磊、刘海涛、肖波、吕选周、李西臣、严凯、王立威、匡其羽、王金鹏、李海荣、付林江、杨学红、朱雄斌、杨尊尊、范贤坤、余婷、卢鋆、李双全、张明贤、贾岩、王颖、张博潇、陈昕昕等老师给我研究工作的帮助和包容。此外，非常感谢六盘水师范学院2013级风景园林专业的宋佳蓉、徐浪，2014级风景园林专业的孟锦鹏、康成英、宋云，2015级风景园林专业的柏祖盼、王谨，2017级风景园林专业的胡源、刘媛、吴昊、赵娜、覃启郡、杜梦、李正武、王必涛、郭培金、王江卫、贾维芳、龙丽丹、王志龙等同学在学习和研究工作中的一路相伴！

肖婵

2022年11月